지금 하자! 개념 수학

4 측정·함수

강미선 지음 | 조은영 그림

초대하는 글

10년 공부의 기초를 다지는 개념 수학

왜 수학은 갈수록 어려워질까?

여러분, 안녕하세요? 저는 강미선이라고 해요. 여러분과 만나서 정말 반갑습니다. 초등학교 때, 특히 저학년 때는 많은 학생이 수학을 좋아하죠. 하지만 중학교, 고등학교에 다니는 학생들 가운데는 수학을 좋아하는 사람이 많지 않습니다. 그 학생들도 초등학교 때까지는 여러분만큼이나 수학을 좋아했는데 말이에요. 혹시 수학과 관련해 좋지 않은 경험이라도 한 것일까요?

이 책을 읽는 여러분 가운데도 3학년 때까지는 수학을 제법 잘했는데, 4학년 1학기 시험 점수가 뚝 떨어진 사람이 분명히 있을 겁니다. 어떤 대학생이 있는데, 그 학생도 초등학교 3학년 때까지는 100점만 받아서 수학이 가장 쉽다고 생각했대요. 그런데 4, 5학년에 올라가자 아무리 열심히 해도 계속 어려워지기만 하더랍니다.

어떤 중학생은 중학교 수학이 초등학교 수학이랑 전혀 다른 과목처럼 느껴지더래요. 중학교 2학년 2학기부터는 수학에 거의 손을 댈 수가 없어서 '나는 수학에 소질이 없나 보다.' 하고 생각했대요.

또 다른 학생은 어려서부터 줄곧 수학을 무척 잘했어요. 그런데 그게 다였어요. 고등학교에 입학한 뒤부터는 수학이 지긋지긋해서 쳐다보기도 싫더랍니다.

'왜 이런 일이 생기는 걸까, 왜 학년이 올라갈수록 많은 학생이 수학을 어려워하거나 수학에 흥미를 잃는 걸까?' 저는 학생들을 가르치면서 오래도록 이 문제를 고민하고 연구했어요. 제가 내린 결론은, 그 학생들이 수학을 처음 배운 초등학교 때 수학 개념을 터득하기보다는 문제 풀이 연습만 했기 때문이라는 것이었어요.

예를 들어 분수 단원을 처음 배운다고 해 보죠. 분수가 뭔지, 왜 사람들이 분수라는 것을 만들었는지, 분수를 알면 생활에 어떤 도움이 되는지, 분수의 곱셈은 왜 이렇게 하는지……. 궁금한 것, 알아야 할 것이 참 많습니다. 그런데 그런 궁금증을 해결하지 못하고 그저 분수 문제만 푼 것이죠.

그러다 보니 처음에는 아주 간단하고 쉬웠던 것이 뒤로 갈수록 복잡하게 느껴지면서 헷갈리는 거예요. 왜 배우는지, 왜 그런지도 모르면서 기계처럼 문제를 풀고 또 풀다 보니 수학 공부가 어렵고, 싫고, 지겨워지는 건 어쩌면 당연한 일이랍니다.

개념을 알면 수학이 즐겁다

물론 초등학교 때부터 대학생이 될 때까지 계속 수학을 잘하고, 사회에 나가서는 수학적 사고와 기술이 필요한 분야에서 능력을 발휘하며 살아가는 사람들도 아주 많습니다. 그 사람들은 자신이 수학을 즐기며 잘할 수 있었던 이유가, 어려서부터 수학의 개념을 확실히 알아 가며 공부했기 때문이라고 해요. 생각을 깊게 하고 새로 배우는 개념을 차근차근 이해하면서 공부하니까 갈수록 수학이 쉬워졌답니다.

여러분, 수학이 갈수록 어려워지는 이유는 여러분이 수학에 소질이 없기 때문이 결코 아니에요! 그동안 100문제를 풀어야 겨우 한 가지 개념을 알게 되는 방법으로 수학 공부를 했기 때문이에요. 수학은 하나의 개념을 가지고 100가지 문제를 풀어내는 방법으로 공부해야 학년이 올라갈수록 잘할 수 있습니다. 또, 수학의 본모습은 문제 풀이가 아니라 깊이 생각하는 힘을 기르는 것이랍니다. 이런 힘을 '수학적 사고력'이라고 부르죠.

저는 여러분에게 수학이 본래 매우 흥미로운 공부라는 사실을 알려 주고, 오래도록 수학을 즐겁게 잘할 수 있는 튼튼한 디딤돌을 놓아 주고 싶어서 이 책을 썼습니다. 그 디딤돌이란 바로 수학의 기초 개념이에요. 개념이라는 말이 좀 어렵지만, 간단히 말하면 수학을 잘할 수 있도록 돕는 기초 지식과 아이디어 같은 것이에요. 처음 배우는 개념을 확실히 알면 이어지는 다른 개념들도 덩달아 알 수 있기 때문에, 개념을 잘 알면 수학이 쉬워집니다.

《지금 하자! 개념 수학》은 스토리텔링 수학의 붐을 일으킨 《행복한 수학 초등학교》의 내용을 더하고 고친 개정판으로, 여러분의 수학적 힘을 키워 주고, 학년이 올라갈수록 수학이 쉬워지는 행복한 경험을 하게 해 줄 거예요. 이 책을 꼼꼼히 읽으면서 수학의 기초를 닦고, 생각하는 힘도 길러 보세요.

여러분의 행복한 미래를 여는 데 이 책이 길잡이가 되기를 간절히 바랍니다.

2016년 11월
강미선

책의 구성

'지금 하자! 개념 수학' 시리즈는 초등학교부터 고등학교까지 배우는 수학의 전체 영역 가운데서 기본이 되는 것을 체계적으로 정리한 책입니다.

이 시리즈는 모두 4권으로 구성되어 있어요.

수, 연산, 도형, 측정·함수 편이죠.

각 권에는 10개의 장이, 각 장에는 5개의 코너가 있습니다.

스토리텔링 수학

평소 별 생각 없이 스쳐 지나던 순간에서
수학적인 것을 발견하고
멈추어 생각해 보는 코너

학교에서 배운 것을 생활 속에서
다시 깊이 생각해 보는 습관이 몸에 배면
수학도 절로 잘하게 돼요.

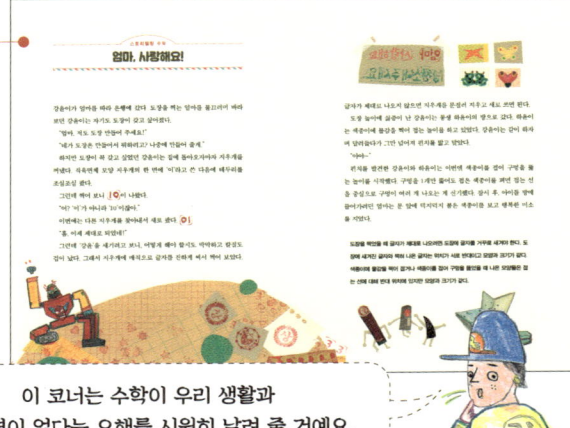

이 코너는 수학이 우리 생활과
별 관련이 없다는 오해를 시원히 날려 줄 거예요.

개념과 원리

하나의 수학 개념에도
다양한 의미가 있다는 것을 알아 가는 코너

수학의 개념은 서로 연결되어 있어요.
덧셈, 곱셈, 나눗셈, 분수는 물론 수와 도형,
측정도 다 연결되어 있죠.

중학교, 고등학교 가서도 흔들리지 않도록
처음 배울 때 개념을 정확히 알아 두어야 해요.

창의 융합 사고력

수학 개념이 다른 교과목에서는
어떻게 쓰이는지를 익히는 코너

수학이 체육, 음악, 미술, 과학, 사회 과목에서
어떻게 쓰이는지 알 수 있어요.

실제 생활에서 쓰이는 수학 개념을 만나며
수학 배우는 이유를 찾을 수 있어요.

톡톡 수학 게임

즐거운 수학 놀이를 할 수 있는 코너

혼자서 공부하면 금방 지루해지죠?
그럴 때 가족, 친구들과 재미있는
게임도 하고 퍼즐도 풀어 보세요.

수학 게임을 하다 보면
창의력과 상상력을 기를 수 있어요.

역사 속 수학

수학 개념의 뿌리를 찾아가는 코너

누가 처음 수학 개념을 만들었는지,
수학 개념은 어떻게 발전해 왔는지를
알아볼 수 있어요.

수학이 단순히 기호와 공식을 이용한
문제 풀이가 아니라 문화와 삶의 산물이고
인류의 문명에도 기여했음을 알 수 있어요.

책의 활용법

'지금 하자! 개념 수학' 시리즈는
영역별로 연결해서 공부할 수 있도록 구성되어 있어요.
이 책은 어떻게 활용하는 게 효과적일까요?

1 복습용 초등학교 수학을 총 정리하고 싶을 때

중학교 입학을 앞둔 6학년 학생

초등학교에서 지금까지 배운 수학을 총 정리할 수 있어요. 중학교 수학이 훨씬 쉬워지겠죠?

술술 읽으며 그동안 배운 수학 개념의 핵심을 단기간에 되짚어 보아요. 어려운 문제를 잔뜩 풀어야 하는 거랑은 달라요.

- **공부 시기**   초등학교 6학년 여름 방학
- **공부 방법 1**   총 40개 단원을 하루에 1단원씩 읽기
- **공부 방법 2**   일주일에 1권씩 읽기
- **공부 방법 3**   하루에 1권씩 읽기

예습용 어렵고 싫어하는 단원을 예습하고 싶을 때

수학에 자신감이 떨어진 수포자 학생

어렵고 싫어하는 단원 때문에 수학에 손을 놓았었는데 이 책으로는 취약한 수학 영역을 집중해서 공부할 수 있어요.

재미있는 스토리와 자세한 설명이 있어서 교과서로 볼 때 몰랐던 개념을 알게 되고 수학의 모든 영역에 골고루 흥미가 생겨요.

- **공부 시기**   학기 중에 교과서에서 새 단원이 시작될 때

- **공부 방법**   교과서 단원과 관련된 권을 골라 하루에 1단원씩 읽기

교과서 병행용 학교에서 배운 단원을 좀 더 알고 싶을 때

수학을 꼼꼼히 알고 싶은 전 학년 학생

한꺼번에 이 책을 다 읽기 부담스러우면 교과서 곁에 늘 두고 관련 단원별로 찾아서 그때그때 읽어요.

숨어 있는 수학의 개념을 차곡차곡 꼼꼼히 쌓기에 좋아요.

- **공부 시기**   오늘 배운 단원을 더 공부하고 싶을 때

- **공부 방법**   책의 맨 뒤에 있는 수학 개념 연결 트리를 확인하고 학교에서 배운 단원을 찾아서 읽기

차례

초대하는 글 — 4
책의 구성 — 8
책의 활용법 — 10

1 ─── 도형 움직이기

스토리텔링 수학	왼쪽 뺨의 점을 없애는 방법은?	18
개념과 원리	도형의 이동이란 무엇일까?	20
창의 융합 사고력	틀린 글자를 찾아라	28
톡톡 수학 게임	어떤 모양이 보일까?	29
역사 속 수학	수학과 예술의 만남, 테셀레이션	30

2 ─── 닮음과 합동

스토리텔링 수학	엄마, 사랑해요!	34
개념과 원리	닮음과 합동의 관계	36
창의 융합 사고력	그림자 초상화로 친구를 찾아라	41
역사 속 수학	레오나르도 다빈치와 수학의 만남	42

3 ──── 도형의 측정

스토리텔링 수학	마트 개장하는 날 생긴 일	46
개념과 원리	도형의 측정이란 무엇일까?	48
창의 융합 사고력	단위를 바꿔라	55
역사 속 수학	미터법의 역사	56

4 ──── 길이와 거리, 그리고 높이

스토리텔링 수학	가장 짧은 길은?	60
개념과 원리	최단 거리 구하기	62
창의 융합 사고력	대각선 길이를 구하는 방법은?	70
톡톡 수학 게임	4등분 하라	71
역사 속 수학	삼각법과 높이	72

5 ──── 넓이와 둘레

스토리텔링 수학	접시의 모양	76
개념과 원리	도형의 넓이와 둘레	78
창의 융합 사고력	넓이를 구하는 방식이 다른 이유는?	85
역사 속 수학	프랙탈이란 무엇일까?	86

6 ——— 평면도형의 넓이

스토리텔링 수학	엉터리 땅따먹기 놀이	90
개념과 원리	평면도형의 넓이	92
창의 융합 사고력	정사각형 1개에 들어오는 빛의 양은?	104
톡톡 수학 게임	어느 쪽이 더 넓을까?	105
역사 속 수학	케플러의 넓이 구하기	106

7 ——— 입체도형의 부피와 겉넓이

스토리텔링 수학	양이 같을까, 다를까?	110
개념과 원리	부피와 겉넓이는 무엇일까?	112
창의 융합 사고력	태양의 부피는 지구 부피의 몇 배일까?	121
역사 속 수학	갈릴레이와 카발리에리	122

8 ——— 방정식

스토리텔링 수학	'어떤' 버스를 탔냐고?	126
개념과 원리	방정식이란 무엇일까?	128
창의 융합 사고력	책꽂이의 높이는 얼마일까?	136
톡톡 수학 게임	24를 만들어라	137
역사 속 수학	기호를 만든 사람들	138

9 ─────── 대응

스토리텔링 수학	세희의 마니또는 누구일까?	142
개념과 원리	대응이란 무엇일까?	144
창의 융합 사고력	다음 대응표는 함수일까?	151
역사 속 수학	함수의 역사	152

10 ─────── 함수

스토리텔링 수학	나 따라하지 마	156
개념과 원리	규칙성과 함수	158
창의 융합 사고력	비례 관계를 찾아라	165
역사 속 수학	라이프니츠와 뉴턴	166

정답 및 해설 – 168

수학 개념 연결 트리 – 178

1 도형 움직이기

도형을 움직이는 방법에는 평행이동, 선대칭이동, 회전이동이 있다.

평행이동은 마치 에스컬레이터를 타고 올라가거나 내려가는 것과 같아서 단지 위치만 달라진다.

선대칭이동은 마치 거울에 비춰 보는 것과 같아서 위치가 반대가 된다.

회전이동은 마치 한 점을 중심으로 해서 도는 것과 같다.

초등 4-1	초등 5-2
평면도형의 이동	합동과 대칭

스토리텔링 수학
왼쪽 뺨의 점을 없애는 방법은?

수정이가 고개를 이리저리 흔들어 가며 거울을 들여다보고 있다. 여러 가지 표정을 지으면서 웃던 수정이는 곧 시무룩해진다.

'아, 이 점들만 없으면 얼마나 좋을까!'

수정이는 왼쪽 뺨에 있는 커다란 점과 흉터를 집게손가락으로 가렸다. 왼쪽 뺨에는 점도 있는 데다 어릴 때 동생과 다투다 생긴 손톱자국까지 선명히 남아 있다.

'이게 이렇게 오래 남을 줄은 몰랐는데……. 나도 점과 흉터만 없다면 꽤 예쁜 얼굴일 텐데.'

이때 남동생 수호가 뒤에서 불쑥 말을 걸었다.

"누나, 또 거울 보고 있어?"

"어머, 깜짝이야!"

수정이가 눈을 흘기자 수호가 천연덕스러운 표정을 지으며 말했다.

"내가 누나 점과 그 흉터 다 없애 줄까?"

"뭐라고? 네가 어떻게?"

수호는 책상 서랍에서 손거울을 꺼내더니 누나의 코에 댔다.
"자, 봐!"
손거울을 세워 왼쪽 얼굴을 가리고 앞을 보니, 점과 흉터가 보이지 않았다. 그리고 오른쪽 얼굴이 반사되어 보였다.
"맘에 들어?"
"뭐야……. 장난하니?"
수정이는 속으로 '점이 없으니까 예쁘긴 하네.' 하고 생각했다.
바로 그때 아빠가 말씀하셨다.
"내 맘에는 안 드는데? 그건 우리 수정이 매력 점인데, 사라지면 안 되지. 그리고 아빠는 수정이 흉터까지 사랑한단다!"

거울의 어느 쪽을 비추느냐에 따라 보이는 모습이 달라질 수 있다. 거울을 코에 대고 세우면 얼굴의 반쪽이 반사되어 반대편에 나타난다. 만약 수정이가 거울로 오른쪽 얼굴을 가렸다면 점이 얼굴 양쪽 뺨에 있는 것처럼 보였을 것이다.

개념과 원리
도형의 이동이란 무엇일까?

도형의 3가지 이동
어떤 도형이든지 '이동'을 할 수 있다. 도형은 여러 가지 방법으로 이동할 수 있지만 대표적으로는 평행이동, 선대칭이동, 회전이동이 있다.

평행이동
도형 위의 모든 점을 같은 방향으로 같은 거리만큼 옮기는 것을 평행이동이라고 하며, 도형 옮기기라고도 한다. 아래 그림은 어떤 도형을 오른쪽으로 5칸, 위쪽으로 2칸 평행이동한 것이다. 평행이동을 하면 도형의 모양과 크기는 바뀌지 않고 보이는 '위치'만 달라진다.

생활 속에서 볼 수 있는 평행이동 중에는 '에스컬레이터 타고 오르내리기'가 있다. 올라가는 에스컬레이터 위에 내가 서 있다고 하자. 1층에 있던 내가 2층에 올라가면, 1층에서는 올려다보이던 것이 2층에서는 내려다보인다. 내 키는 그대로인데 내가 서 있는 위치가 바뀌었다.

 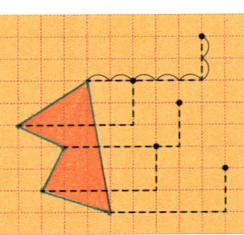 

선대칭이동

거울 앞에 서 보자. 오목거울이나 볼록거울이 아닌 판판한 거울이라면 거울 속에 보이는 나의 눈, 코, 입, 얼굴, 키는 실제의 나와 똑같다. 이제 오른손을 든 다음 거울을 보자. 거울 속의 나는 왼손을 들고 있다. 모양과 크기는 똑같지만 위치는 반대가 되었다. 이것을 반사라고도 한다. 삼각형 그림 위에 거울을 대고 반사시켜 보자.

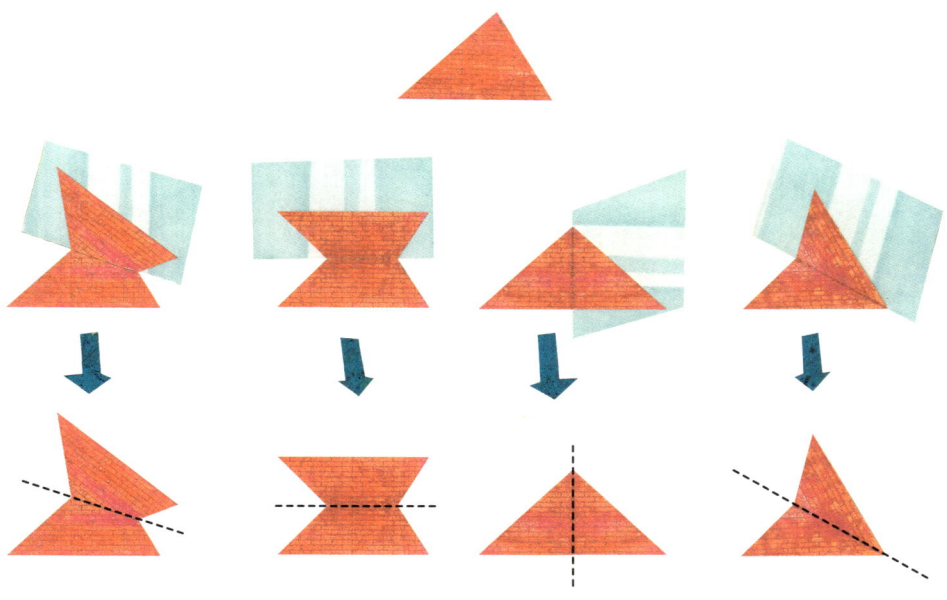

거울 속의 도형과 거울 앞의 도형은 거울을 댄 선을 기준으로 서로 반대로 보인다. 이렇게 어떤 직선에 대해 서로 대칭인 관계를 선대칭이라고 하고, 어떤 직선으로 접었을 때 완전히 똑같은 도형을 선대칭도형이라고 한다.

대칭의 기준이 되는 직선을 대칭축이라고 하는데, 대칭축은 도형을 둘로 나누는 선이다.

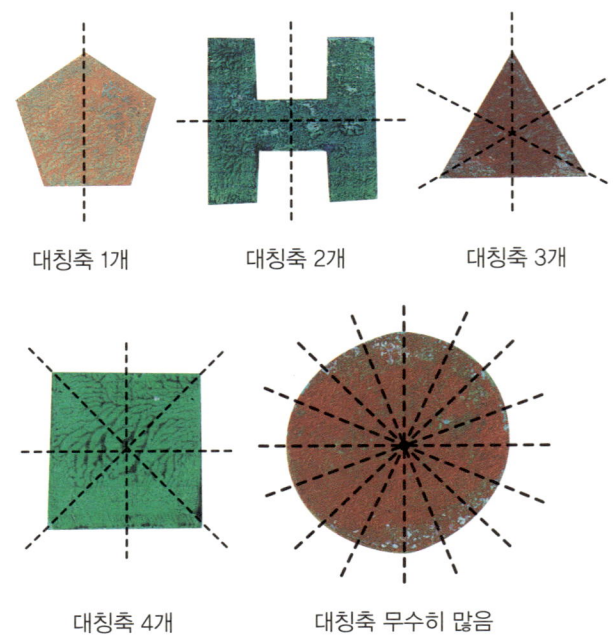

대칭축 1개   대칭축 2개   대칭축 3개

대칭축 4개   대칭축 무수히 많음

평면도형 중에는 이와 같은 선대칭도형도 있지만 모든 평면도형이 다 선대칭도형인 것은 아니다. 다음은 선대칭도형이 아닌 평면도형들이다.

대칭축 없음

한 도형을 어떤 직선을 기준으로 반대편으로 옮겨 보자. 이렇게 옮기는 것을 선대칭이동이라고 한다. 이때 기준이 되는 직선을 대칭축이라고 하고, 선대칭이동을 도형 뒤집기라고도 한다. 선대칭이동을 하면 처음 도형과 옮겨진 도형은 서로 선대칭 위치에 있는 도형이 된다.

선대칭 위치에 있는 도형

선대칭이동한 도형을 그리는 과정은 다음과 같다.
처음 도형과 대칭축에 대해 수직이고, 거리가 같은 점들을 찍어서 연결한다.

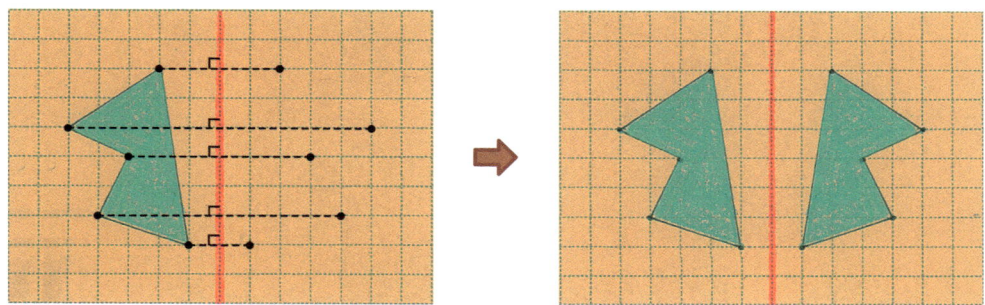

대칭을 사용해 문제를 쉽게 해결하는 방법에 대해 알아보자.

태웅이네 엄마는 직선 도로에 나란히 있는 세 집 가운데 태웅이가 다닐 초등학교와 가영이가 다닐 중학교와 가장 가까운 거리에 있는 집으로 이사를 가려고 한다. 다음 그림을 보고 세 집 가운데 두 학교에서 거리가 가장 짧은 집을 찾아보자.

언뜻 Ⓐ라고 생각할 수도 있지만, 좀 더 수학적으로 생각해 보자.

먼저, 직선 도로를 대칭축으로 해서 태웅이네 학교를 대칭이동 하면 세 집에서 학교까지의 거리는 변함없다.

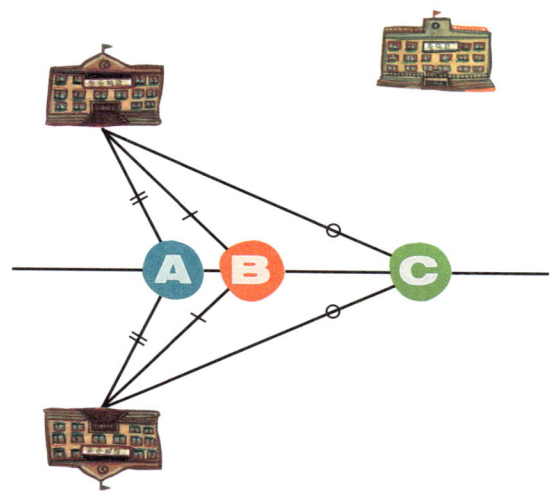

이번엔 각 집에서 가영이네 학교에 이르는 거리를 표시하자.

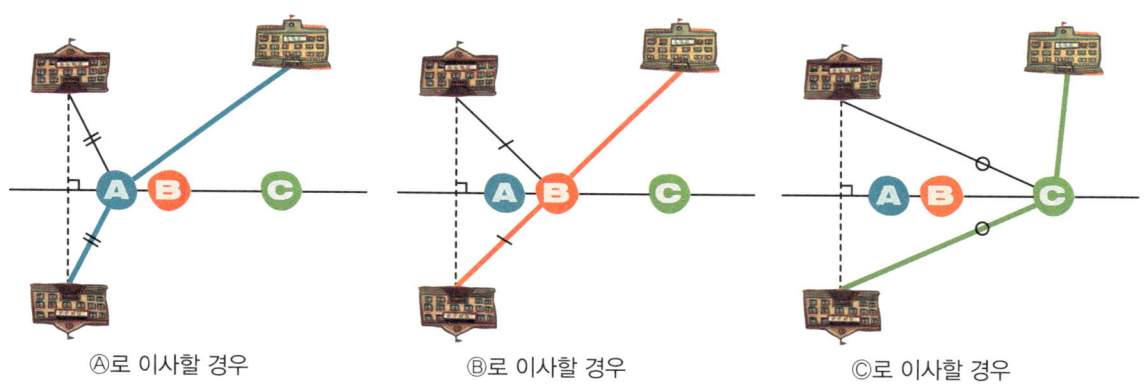

Ⓐ로 이사할 경우   Ⓑ로 이사할 경우   Ⓒ로 이사할 경우

3가지 경우 중에서 가운데 집인 Ⓑ를 지나는 선분들의 합이 가장 짧다. 따라서 세 집 가운데 두 학교에서 가장 가까운 거리에 있는 집은 Ⓑ이다.

회전이동

한 도형을 한 점을 중심으로 회전해서 이동하는 것을 회전이동이라고 하며, 도형 돌리기라고도 한다. 회전을 할 때에는 회전의 중심이 되는 점이 있다. 이 점이 도형의 안에 있을 때도 있고, 도형의 바깥에 있을 때도 있다. 어떤 도형을 도형 안의 한 점을 중심으로 돌려 보자.

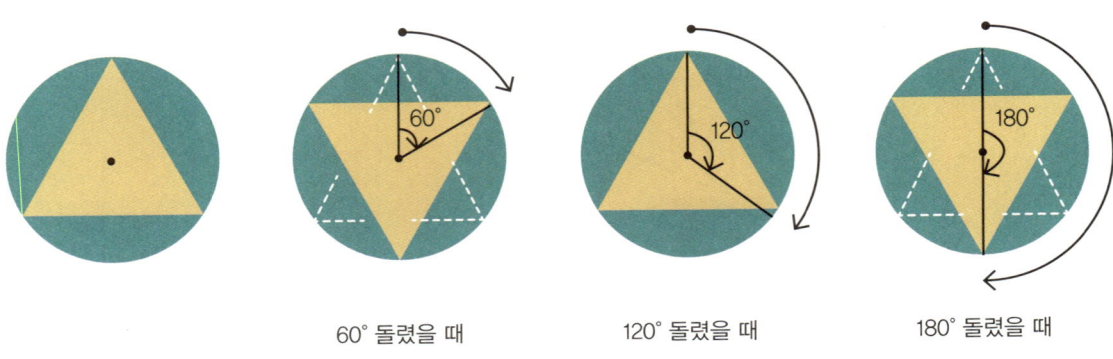

60° 돌렸을 때   120° 돌렸을 때   180° 돌렸을 때

위의 정삼각형을 시계 방향으로 60° 돌리면 처음 위치와 똑같지 않지만 120° 회전하면 처음 위치와 같아진다. 또 180° 회전하면 처음 위치와 똑같지 않다. 이번에는 다음 도형을 돌려 보자.

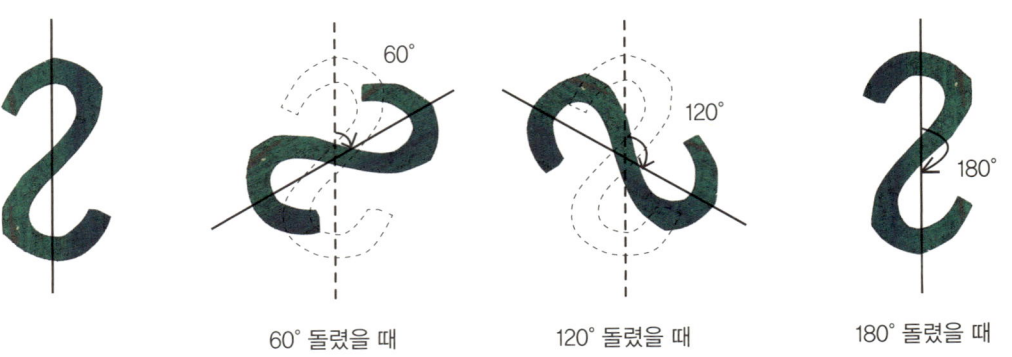

60° 돌렸을 때   120° 돌렸을 때   180° 돌렸을 때

이 도형은 60° 또는 120°로 돌렸을 때는 처음 위치와 같지 않지만, 180° 돌렸을 때는 처음 위치와 똑같아진다. 180° 회전하면 처음 도형과 같아지는 이 같은 도형을 점대칭도형이라고 한다.

도형 밖의 한 점 O를 중심으로 180°만큼 돌리면 어떤 도형이든지 처음 도형과 정반대의 위치에 있게 된다. 또 이것은 이 도형의 점들을 점 O를 지나서 같은 거리에 있는 점들로 옮긴 것과 같다. 이럴 때 이 두 도형을 점대칭 위치에 있는 도형이라고 하고, 점 O를 대칭의 중심이라고 한다.

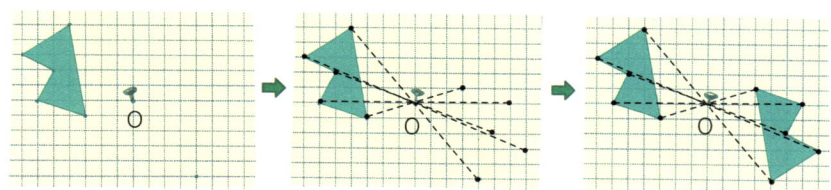

점대칭 위치에 있는 도형

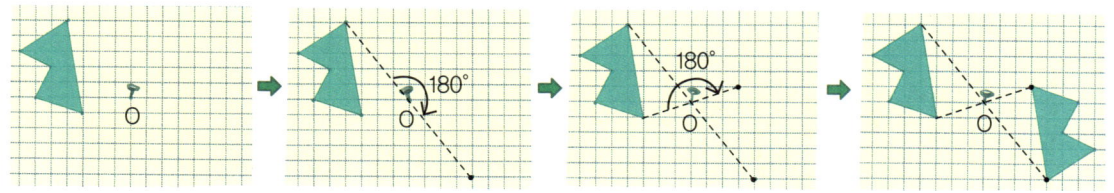

180° 회전이동

따라서 점대칭 이동은 180° 회전이동과 같다.

창의 융합 사고력

틀린 글자를 찾아라

다음은 우리나라 국보인 〈다뉴세문경〉에 대한 설명서이다. 아래의 글은 설명서를 거울에 대고 본 것처럼 거꾸로 되어 있다. 다음 글을 보고, 물음에 답해 보자.

〈다뉴세문경〉

〈다뉴세문경〉

청동기 시대의 사람들은 청동으로 만든 물건에 새겨진 많은 물건 중 지금의 일치로 보거나 발생했습니다. 그러나 시대가 걸어 철을 쓸 수 있게 된 만큼 동은 지금이 될 비치면 것 같게 생길 수 있는 지금을 사용했습니다. 지금중의 덮어 여러 가지 무늬가 새겨서 장식을 했습니다. 사신인지 있어 보이는 자동 음 청동기 시대에 자용되던 국보 제141호 〈다뉴세문경〉입니다.

• 위의 설명서에는 틀린 글자가 있다. 그 글자는 무엇일까? _____
• 이 설명서 오른쪽에 거울에 대었을 때 보이는 대로 글 전체를 옮겨 써 보자.

톡톡 수학 게임

어떤 모양이 보일까?

다음 그림을 시곗바늘 돌아가는 반대 방향으로 90° 회전시켜, 오른쪽에 거울을 대고 비추면 어떤 모양이 보일까?

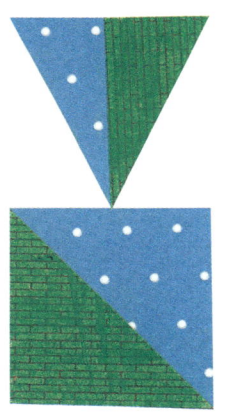

역사 속 수학
수학과 예술의 만남, 테셀레이션

욕실 바닥에 깔려 있는 타일이나 길거리의 보도블록을 보자. 같은 모양의 도형이 틈이나 포개짐 없이 공간을 채우고 있다.

이처럼 도형을 이용해 어떤 틈이나 겹침이 없이 평면 또는 공간을 완전히 메우는 것을 '테셀레이션'이라고 한다. 이슬람의 융단, 퀼트, 타일, 아라베스크와 같은 것이 대표적인 테셀레이션 문양이다. 테셀레이션을 이용한 가장 대표적인 건축물로는 에스파냐 그라나다에 있는 알람브라 궁전이 꼽힌다.

네덜란드의 판화가 에셔(Maurits Cornelis Escher, 1898~1972)는 테셀레이션 예술가로 유명하다. 에셔는 1936년 알람브라 궁전을 방문한 뒤 아라베스크 양식으로 궁전의 벽과 마루를 장식한 타일의 모자이크에 깊은 감명을 받았다. 그 뒤 정다면체를 이용한 테셀레이션 작품을 비롯해 다양한 판화 작품을 만들어 수학의 원리에 따른

알람브라 궁전
테셀레이션을 이용한 가장 대표적인 건축물

테셀레이션이 미술 장르로 정착하는 데 큰 기여를 했다.

　에셔가 어떤 방법으로 테셀레이션을 만들었는지 함께 살펴보자. 먼저 정사각형을 그린다. 그 사각형 안에 어떤 모양을 그린 다음 그 모양을 그대로 평행이동해서 반대편 사각형의 바깥에 그린다.

　이런 식으로 사각형 안쪽으로 들어간 만큼 다시 밖으로 나가게 하면 전체의 크기는 변함이 없고, 위, 아래, 옆으로 이동을 하면 꼭 맞아 떨어지므로 빈틈이 생기지 않는다. 이렇게 해서 아래와 같은 그림이 완성된다.

　테셀레이션 만들기는 수학을 이용한다. 옮기기, 돌리기, 뒤집기 등을 해 봄으로써 자연스럽게 수학적 사고력과 창의력도 기르고 더불어 예술 작품도 만들 수 있다.

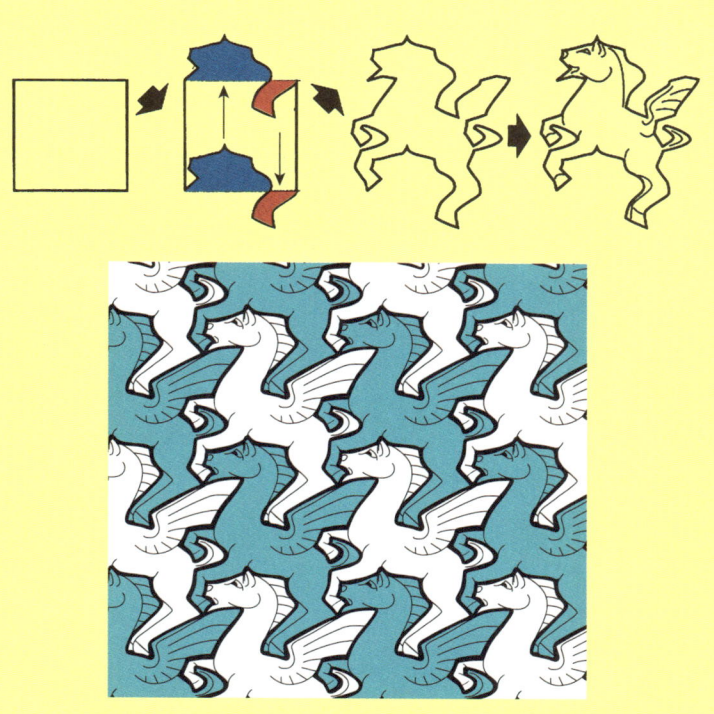

2 닮음과 합동

색종이를 2장 포갠 다음 별 모양을 오리면, 모양과 크기가 똑같은 별을 2개 얻을 수 있다. 이처럼 모양과 크기가 똑같은 것을 서로 '합동'이라고 한다.

복사를 할 때 확대나 축소를 선택하면, 모양은 같지만 크기가 다른 것이 나온다. 크기는 상관없이 모양이 똑같을 때 서로 '닮음'이라고 한다.

초등 5-2	중학 2-2
합동과 대칭 →	도형의 닮음

스토리텔링 수학

엄마, 사랑해요!

강윤이가 엄마를 따라 은행에 갔다. 도장을 찍는 엄마를 물끄러미 바라보던 강윤이는 자기도 도장이 갖고 싶어졌다.

"엄마, 저도 도장 만들어 주세요!"

"네가 도장은 만들어서 뭐하려고? 나중에 만들어 줄게."

하지만 도장이 꼭 갖고 싶었던 강윤이는 집에 돌아오자마자 지우개를 꺼냈다. 직육면체 모양 지우개의 한 면에 '이'라고 쓴 다음에 테두리를 조심조심 팠다.

그런데 찍어 보니 10이 나왔다.

"어? '이'가 아니라 '10'이잖아."

이번에는 다른 지우개를 찾아내서 새로 팠다. 01

"흠, 이제 제대로 되었네!"

그런데 '강윤'을 새기려고 보니, 어떻게 해야 할지도 막막하고 칼질도 겁이 났다. 그래서 지우개에 매직으로 글자를 진하게 써서 찍어 보았다.

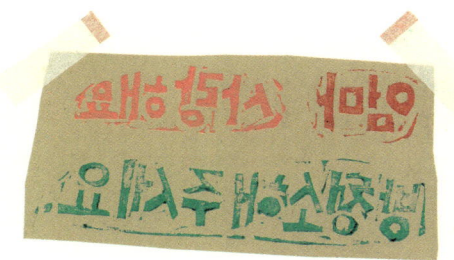  
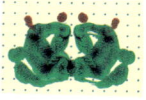 

글자가 제대로 나오지 않으면 지우개를 문질러 지우고 새로 쓰면 된다.

도장 놀이에 싫증이 난 강윤이는 동생 하윤이의 방으로 갔다. 하윤이는 색종이에 물감을 찍어 접는 놀이를 하고 있었다. 강윤이는 같이 하자며 달려들다가 그만 넘어져 펀치를 밟고 말았다.

"아야~"

펀치를 발견한 강윤이와 하윤이는 이번엔 색종이를 접어 구멍을 뚫는 놀이를 시작했다. 구멍을 1개만 뚫어도 접은 색종이를 펴면 접는 선을 중심으로 구멍이 여러 개 나오는 게 신기했다. 잠시 후, 아이들 방에 들어가려던 엄마는 문 앞에 덕지덕지 붙은 색종이를 보고 행복한 미소를 지었다.

도장을 찍었을 때 글자가 제대로 나오려면 도장에 글자를 거꾸로 새겨야 한다. 도장에 새겨진 글자와 찍혀 나온 글자는 위치가 서로 반대이고 모양과 크기가 같다.

색종이에 물감을 찍어 접거나 색종이를 접어 구멍을 뚫었을 때 나온 모양들은 접는 선에 대해 반대 위치에 있지만 모양과 크기가 같다.

개념과 원리
닮음과 합동의 관계

합동과 닮음

서로 다른 위치에 있는 도형을 보고 크기와 모양이 똑같은 도형은 무엇인지 찾아내 보자. 또 그 도형을 더 크게 하거나 작게 만드는 것에 대해서도 알아보자.

합동과 도형의 이동

다음 삼각형들을 보자.

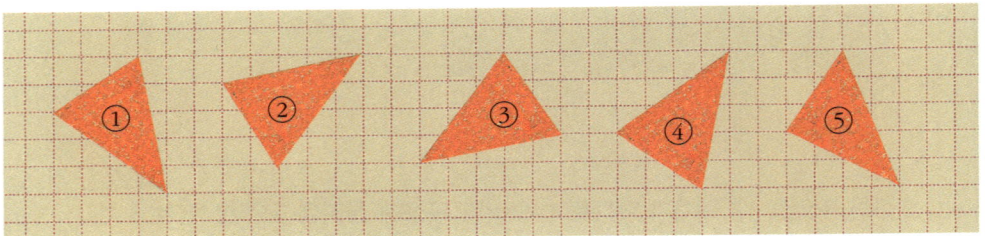

①을 어떻게 이동하면 ②와 포갤 수 있을까?

우선 ① 아래쪽의 가로선을 기준으로 ①을 뒤집는다(선대칭이동).

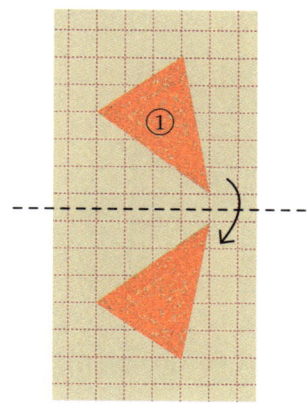

그런 다음 시계 반대 방향으로 90°만큼 돌린다(회전이동).

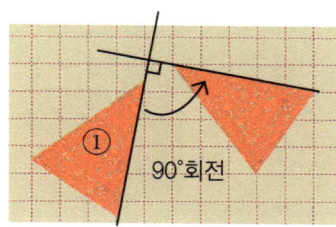

마지막으로 세로선을 기준으로 오른쪽으로 뒤집는다(선대칭이동).

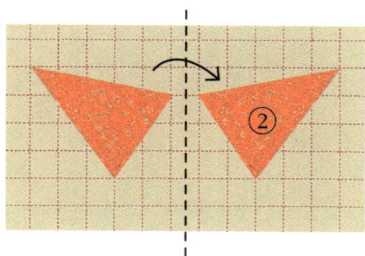

선대칭이동과 회전이동을 이용하니 ①이 ②와 포개졌다.

이번엔 ①과 ③을 보자. ①을 어떻게 이동하면 ③과 포개질 수 있을까? ①을 시계 방향으로 90°만큼 돌리면(회전이동) ③이 된다.

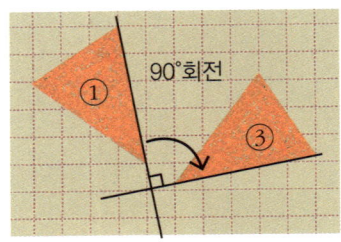

이번엔 ①과 ④를 살펴보자. ①을 어떻게 이동하면 ④가 될 수 있을까? ①을 아래쪽 가로선을 기준으로 뒤집으면(선대칭이동) ④가 된다.

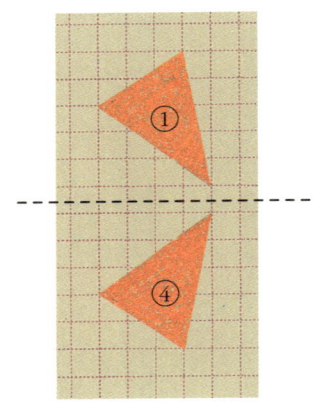

그렇다면 ①을 어떻게 옮기면 ⑤와 포개지게 할 수 있을까? ①은 ⑤와 포개지지는 않는다. 두 도형은 언뜻 크기와 모양이 같아 보이지만 사실은 모양이 다르기 때문이다.

지금까지 알아본 것처럼 모양과 크기가 같은 도형들이라면 돌리거나 뒤집거나 밀어서 서로 같은 위치에 있도록 만들 수가 있다. 모양과 크기가 원래 같았기 때문이다. 이렇게 모양과 크기가 같은 도형들을 서로 합동인 도형이라고 한다. 두 도형이 합동이라면, 그 도형이 있는 위치는 다르더라도 모양과 크기는 완전히 똑같아야 한다.

결국 이동해서 서로 겹치게 할 수 있는 ①, ②, ③, ④는 서로 '합동'인 도형들이고 ⑤는 나머지 도형들과 합동이 아닌 도형이다.

닮음과 닮음비

모양은 같지만 크기가 다른 도형들을 서로 닮음인 도형이라고 한다.
앞 장에서 알아본 '점대칭 위치에 있는 도형' 만들기의 원리를 활용하면 서로 닮음인 도형을 만들 수 있다.

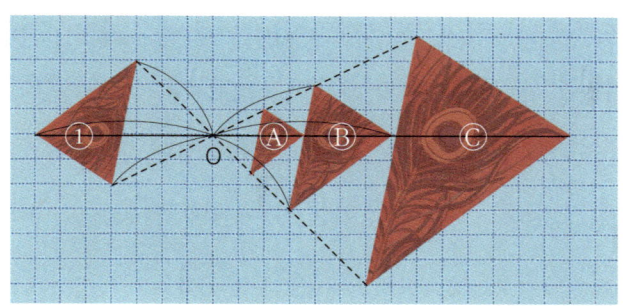

이때 ①의 세 꼭짓점과 점O 사이의 거리와 같은 거리에 있는 점들로 이루어진 Ⓑ는 ①과 서로 '점대칭의 위치에 있는 도형'이고, 두 도형의 모양과 크기가 똑같다. 따라서 ①과 Ⓑ는 서로 합동이다.

①과 Ⓑ는 서로 합동이므로 이 둘의 닮음비는 1:1이고, 두 도형의 넓이도 똑같으므로 넓이의 비는 1:1이다. 합동은 닮음비가 1:1인 경우이다.

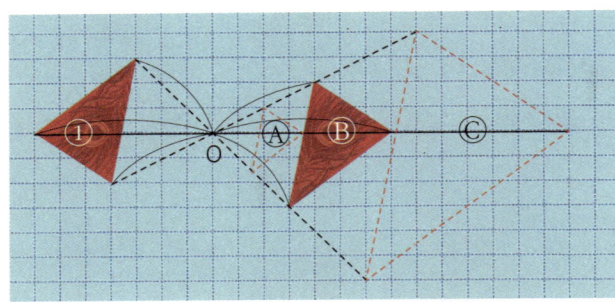

도형 Ⓘ : 도형 Ⓑ = 1 : 1

이번에는 Ⓘ과 Ⓐ를 보자. Ⓐ는 Ⓘ과 대칭의 중심 사이의 거리의 $\frac{1}{2}$이 되는 점들로 이루어졌다. 따라서 Ⓐ는 Ⓘ과 모양이 같지만 대응하는 세 변의 길이가 각각 Ⓘ의 $\frac{1}{2}$밖에 되지 않아서 크기는 Ⓘ보다 작다. Ⓐ의 밑변과 높이가 각각 Ⓘ의 $\frac{1}{2}$이므로, Ⓐ의 넓이는 Ⓘ의 $\frac{1}{4}$이다.

이때 "두 도형은 서로 닮음이고 두 도형 간의 닮음비는 1 : $\frac{1}{2}$이다. 이때 Ⓐ의 넓이는 Ⓘ의 $\frac{1}{4}$이다."라고 한다.

또 Ⓘ과 대칭의 중심 사이의 거리의 2배 거리에 있는 점들로 이루어진 Ⓒ는 Ⓘ과 모양은 같지만, 세 변의 길이가 Ⓘ의 2배가 된다. 이 두 도형들도 서로 닮음이고 두 도형의 닮음비는 1 : 2이다. 닮음비가 1 : 2이면 넓이의 비는 1 : 4가 되므로 Ⓒ의 넓이는 Ⓘ의 4배이다.

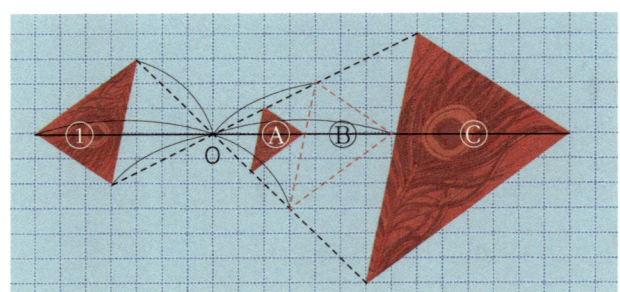

도형 Ⓘ : 도형 Ⓐ = 1 : $\frac{1}{2}$
도형 Ⓘ : 도형 Ⓒ = 1 : 2

결국 Ⓐ, Ⓑ, Ⓒ는 Ⓘ과 닮음이다. 그리고 닮음비는 각각 Ⓘ : Ⓐ = 1 : $\frac{1}{2}$, Ⓘ : Ⓑ = 1 : 1, Ⓘ : Ⓒ = 1 : 2이다.

> 창의 융합 사고력

그림자 초상화로 친구를 찾아라

친구의 그림자를 본떠서 그림자 초상화를 만들어 보자. 친구의 모습과 그림자는 서로 닮음이라고 할 수 있을까? 그렇다면 왜 그런지 설명해 보자. 그렇지 않다면 그 이유는 무엇인지 설명해 보자.

역사 속 수학
레오나르도 다빈치와 수학의 만남

이탈리아를 대표하는 천재 예술가이자 과학자인 레오나르도 다빈치(Leonardo da Vinci, 1452~1519)는 수학에 아주 관심이 많았다. 그는 어려서부터 수학을 비롯한 여러 학문을 배웠고, 음악에 재주가 뛰어났으며, 그림 그리기를 즐겨 했다.

레오나르도 다빈치라는 이름의 뜻은 '빈치에 사는 레오나르도'이다. 빈치는 이탈리아 피렌체 근처에 있는 마을 이름이고, 레오나르도는 그 마을에서 매우 흔한 성이므로, 우리나라로 치면 '양촌리에 사는 김씨' 정도가 된다. 레오나르도 다빈치는 왜 자신만의 고유한 이름을 갖지 못했을까? 다빈치의 어머니는 신분이 낮았는데 남편과의 신분 차이 때문에 정식 결혼을 하지 못했다. 당시 이탈리아에서는 신분이 낮으면 이름을 갖지 못했다고 한다. 15세 무렵, 다빈치는 아버지의 친구인 베로키오에게서 처음으로 그림과 조각을 배웠다. 이때부터 그는 천재성을 드러내기 시작했다. 다빈치는 천재적인 예술가였지만, 수학이나 과학을 공부하는 것을 무엇보다 좋아했다.

레오나르도 다빈치
르네상스를 대표하는 천재 예술가이자 과학자. 수학과 예술을 가장 완벽하게 접목시켰다.

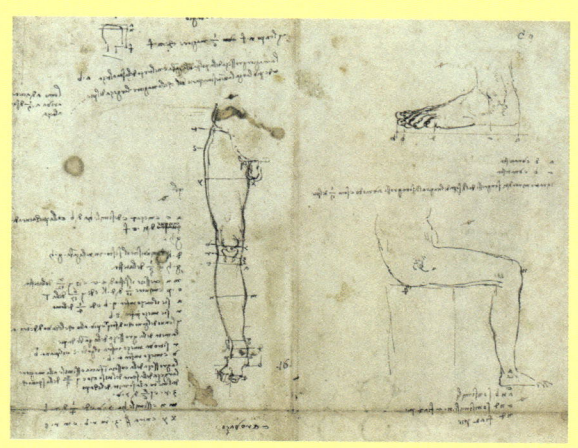 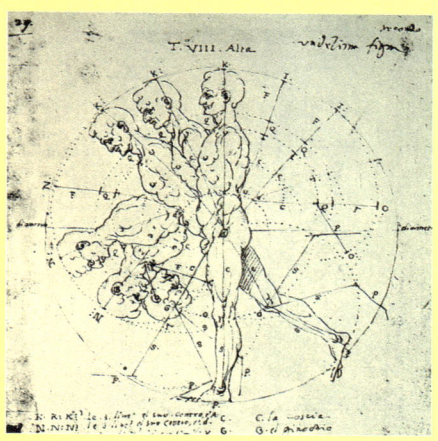

레오나르도 다빈치가 그린 인체도
인체의 다양한 자세에 따른 비율 연구가 돋보인다.

그의 그림과 책 속에 담겨 있는 광학, 건축학, 원근법, 천문학, 해부학 등 과학과 수학에 관한 지식은 놀라울 정도이다.

다빈치가 살던 시대는 신보다는 인간 중심의 문화가 부흥하던 르네상스 시대였다. 따라서 예술가들도 신화가 아니라 현실의 자연 세계를 예술로 표현하기 시작했다. 다빈치는 자신의 예술 작품에 수학적 비율까지도 완벽하게 적용해 르네상스 시대의 천재성을 다시 한 번 널리 보여 주었다.

그림의 구도를 잡을 때 비례 감각이 없으면 아름다운 그림이 될 수 없다. 또 건물을 지을 때도 수학을 모르면 건물을 바로 세울 수도, 아름답게 만들 수도 없다. 이처럼 수학은 예술과 밀접한 관계에 있을 뿐만 아니라 서로 함께 발전한다. 다빈치는 수학과 예술을 가장 완벽하게 접목시킨 경이로운 천재였다고 할 수 있다.

3 도형의 측정

평면도형과 입체도형, 즉 도형들은 각기 그 '모양'에 따른 특징이 있다. 뿐만 아니라 도형은 '크기'도 있다. 삼각형도 크기가 다른 여러 삼각형이 있고, 정육면체나 원기둥 등의 입체도형도 크기가 여러 가지이다. 도형의 길이, 넓이, 부피 등을 구하는 것을 도형의 측정이라고 한다.

초등 2-1	초등 3-2	초등 5-1	초등 6-1
길이 재기	들이와 무게	다각형의 넓이	직육면체의 겉넓이와 부피

스토리텔링 수학

마트 개장하는 날 생긴 일

우리 동네에 새로운 마트가 문을 열었다. 구경만 해도 선물을 준다는 말에 귀가 솔깃해서 엄마와 함께 가 보았다.

먼저 채소 매장에서 도라지를 한 근 샀다.

"한 근이 원래는 375g인데, 오늘만 특별히 더 드렸습니다."

과일 매장에서 딸기를 살 때도 마찬가지였다.

"딸기 한 근만 주세요."

"원래는 375g만 드려야 하는데, 오늘은 첫날이라 조금 더 드렸습니다."

이번에는 고기 매장으로 갔다.

"소고기 간 것 한 근만 주세요."

엄마가 이렇게 말씀하시자 아저씨가 큰 소리로 대답하셨다.

"네, 여기 있습니다!"

가격표에 '600g'이라고 적혀 있는 것을 보고, 내가 물었다.

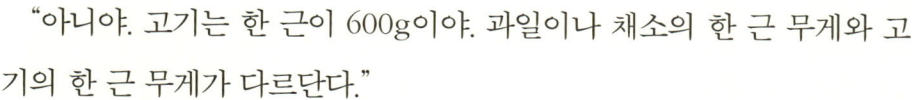

"엄마, 이 아저씨도 더 주신 거죠?"

"아니야. 고기는 한 근이 600g이야. 과일이나 채소의 한 근 무게와 고기의 한 근 무게가 다르단다."

엄마의 허락을 받고 800원짜리 과자 1봉지를 샀다. 봉투에는 무게가 48g이라고 써 있었다. 마트를 나오는데, 친구 영규가 아이스크림을 먹으며 지나가는 것이 보였다. 얼른 다시 들어가서 과자를 800원짜리 아이스크림과 바꾸었다. 아이스크림 겉봉에는 80mL라고 적혀 있었다. 가격은 같은데, 과자는 무게로 아이스크림은 부피로 나타낸다는 게 참 이상하다. 48g과 80mL가 같다는 건가?

우리나라에서는 무게를 잴 때 옛날부터 '근'이라는 단위를 사용해 왔다. 그런데 근을 왜 사용했는지, 또 그 무게가 왜 다른지에 대해서는 알려져 있지 않다. 2007년 7월부터는 '근' 대신 g이나 kg 등의 표준 단위를 의무적으로 사용하도록 했다.

48g은 무게이고, 80mL는 부피이며 무게와 부피는 단위가 달라 단순히 수치만으로는 서로 비교할 수 없다. 아이스크림과 과자를 교환할 수 있는 것은 단지 '가격'이 서로 똑같았기 때문이다.

개념과 원리
도형의 측정이란 무엇일까?

어떤 양을 기준으로 다른 양의 크기를 재는 것을 측정이라고 한다. 측정에는 길이 재기, 넓이 재기, 부피 재기, 들이 재기, 무게 재기, 시간 재기 등이 있는데, 그중에서 도형의 측정에 대해 알아보자.

길이, 넓이, 부피의 뜻

샤프심 1개가 있다. 아무리 얇은 샤프심이라고 해도 두께는 있다. 하지만 지금은 이 샤프심을 두께와 폭이 없는 선분이라고 상상하자.
선분은 1차원이며, 선분의 크기를 길이라고 한다.

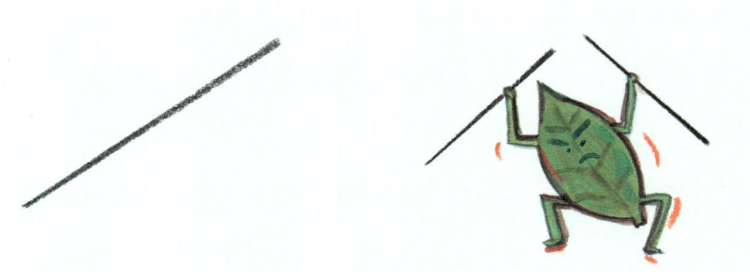

같은 길이의 샤프심 여러 개가 늘어서 있다. 이것을 두께는 없고 폭만 있는 면이라고 상상하자. 면은 2차원이며, 면의 크기를 넓이라고 한다.

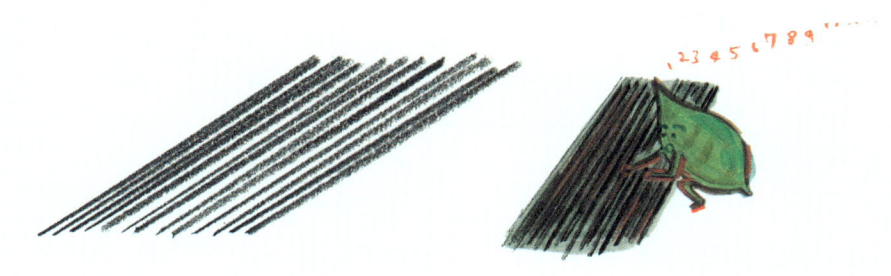

샤프심을 쌓으면 덩어리가 된다. 덩어리는 길이와 폭과 두께가 있는 입체이다. 입체는 3차원이며, 입체의 크기를 부피라고 한다.

길이, 넓이, 부피는 모두 '크기'이다. 도형의 크기를 알아보는 것이 도형의 측정이다. 이때 선의 크기를 길이, 면의 크기를 넓이, 입체의 크기를 부피라고 한다.

길이, 넓이, 부피의 단위 도형

선의 크기를 쟀을 때 알 수 있는 정보는 두께나 부피가 아니라 '길이'뿐이다. 길이는 1차원이므로 길이를 잴 때는 눈금의 단위가 1인 선분을 단위 도형으로 한다.

이제, 넓이를 생각해 보자. 넓이는 평면에서 구하고, 평면은 2차원이다. 평면에서는 가로 1과 세로 1이 서로 만나서 생긴 정사각형을 넓이를 재는 단위 도형으로 한다.

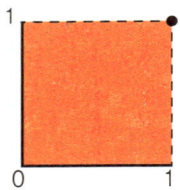

부피는 입체의 크기이고 입체는 3차원이다. 가로의 1과 세로의 1, 높이의 1이 서로 만나서 생긴 정육면체를 부피를 재는 단위 도형으로 한다.

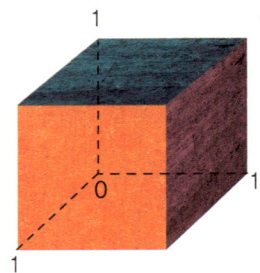

넓이와 부피 구하기

넓이와 부피를 구할 때는 곱셈을 이용한다. 예를 들어 가로가 12cm, 세로가 9cm인 벽면을 길이가 자연수인 정사각형 타일로 남는 공간 없이 꽉 채우면 넓이를 구할 수 있다. 12와 9의 최대공약수는 3이고, 3의 약수는 1과 3이므로, 벽면을 채우는 방법은 다음 2가지이다.

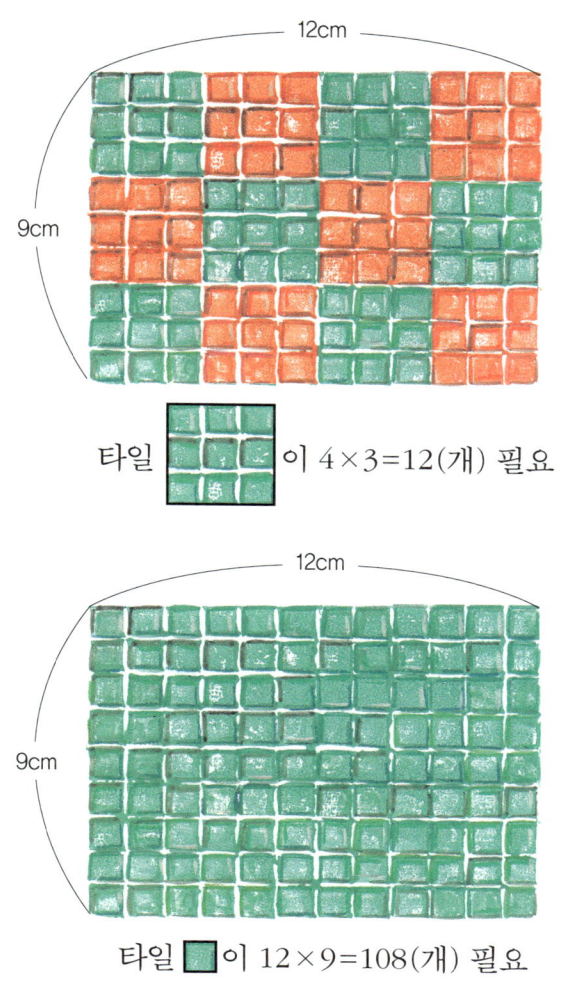

이번에는 가로가 12cm, 세로가 7cm인 면을 길이가 자연수인 정사각형 타일로 채우려고 한다. 그런데 12와 7의 최대공약수는 1뿐이다. 따라서 한 가지 방법밖에 없다.

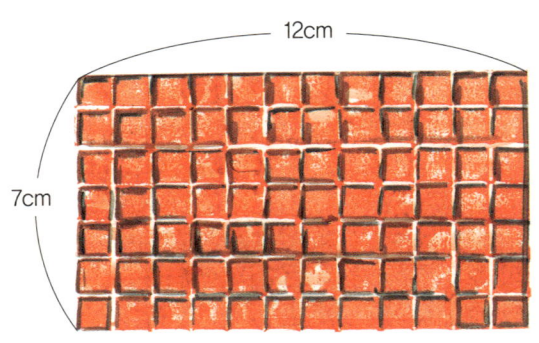

타일 ■이 12×7=84(개) 필요

12와 9는 1 이외의 공약수를 구할 수 있지만, 12와 7은 공약수가 1밖에 없다. 모든 자연수는 1을 약수로 가지므로 어떤 두 자연수라도 적어도 1은 약수로 가진다. 따라서 가로와 세로가 1인 정사각형의 수만 세면 도형의 넓이를 구할 수 있고, 이 과정이 바로 곱셈이다.

만약 직사각형의 변의 길이가 소수여서 가로와 세로의 공약수를 구하지 못할 경우에는 어떻게 할까? 더 작은 단위로 바꾸어 소수를 자연수로 만들면 된다.

예를 들어 가로가 8.3cm이고 세로가 7.4cm인 직사각형이 있다고 하자. 8.3cm는 8cm+0.3cm이다. 1cm는 10mm이므로, cm를 mm로 바꾸니까 0.3cm가 3mm가 되었다.

따라서 8.3cm=8cm+3mm이고, 7.4cm=7cm+4mm이다.

그러므로 가로, 세로가 1cm인 정사각형의 개수와 가로, 세로가 1mm인 정사각형의 개수를 세는 것이 곧 곱셈으로 직사각형의 넓이를 구하는 것이 된다.

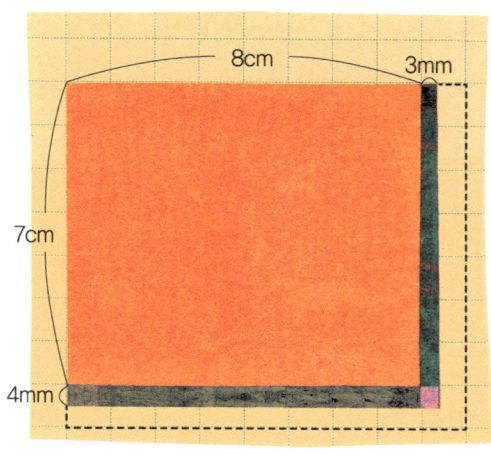

① 가로, 세로 1cm짜리 정사각형
$7 \times 8 = 56 (cm^2)$
② 가로, 세로 1mm짜리 정사각형
$3 \times 70 + 4 \times 80 + 3 \times 4 = 542 (mm^2) = 5.42 (cm^2)$
①+② $56 + 5.42 = 61.42 (cm^2)$

넓이 : $8.3 \times 7.4 = 61.42 (cm^2)$

입체도형의 부피도 마찬가지이다. 가로, 세로, 높이가 각각 1.1cm인 입체의 부피를 알아보자. 이 입체를 다음과 같이 자를 수 있다.

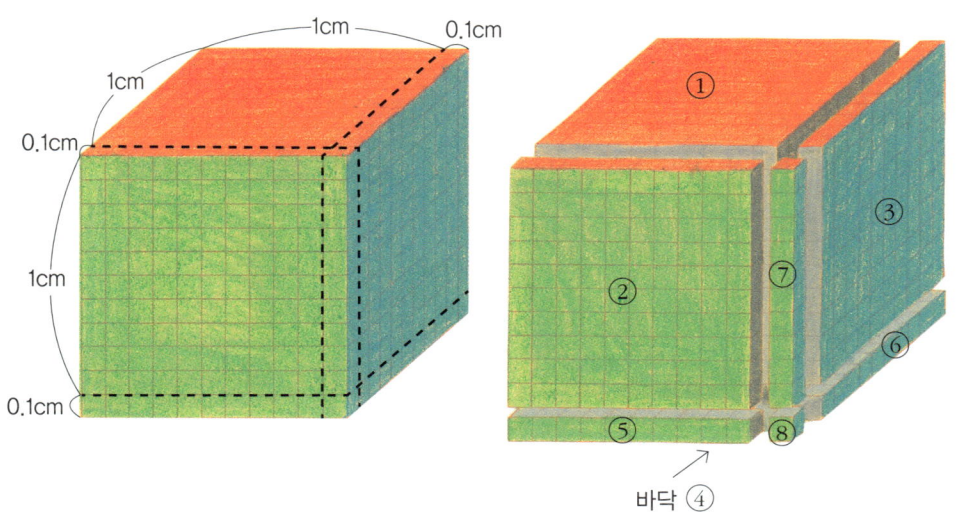

자른 입체 각각의 크기는 다음과 같다.

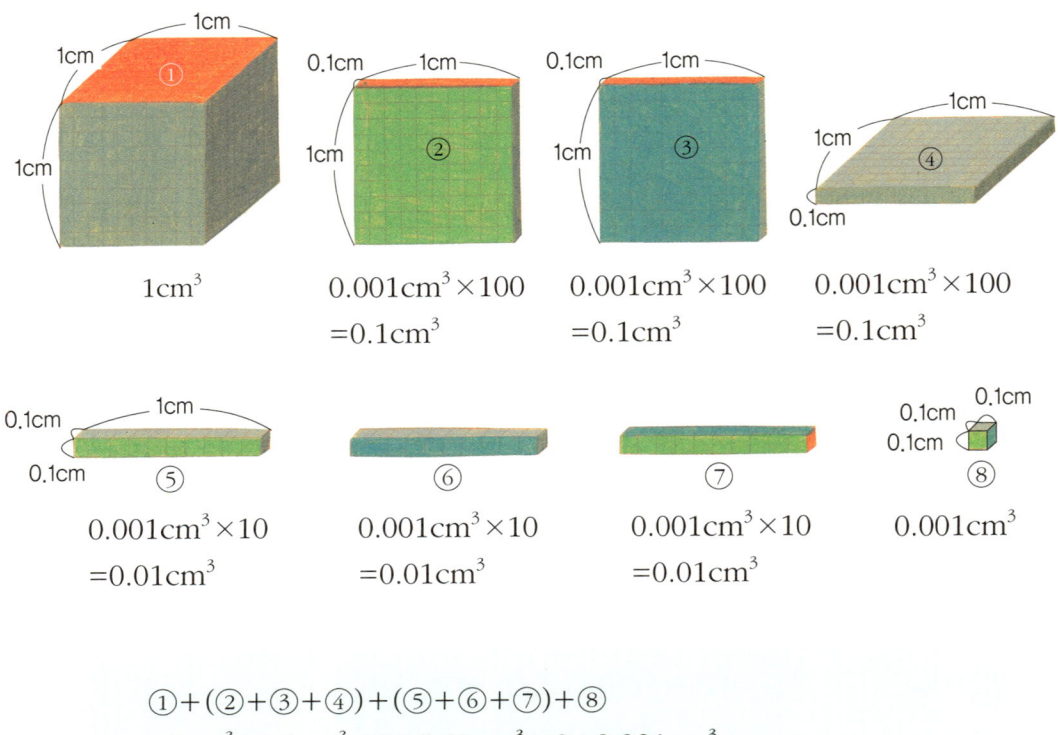

$$①+(②+③+④)+(⑤+⑥+⑦)+⑧$$
$$=1cm^3+0.1cm^3×3+0.01cm^3×3+0.001cm^3$$
$$=1cm^3+0.3cm^3+0.03cm^3+0.001cm^3=1.331cm^3$$

세 모서리가 각각 1.1cm인 정육면체의 부피는 $1.331cm^3$이다.
곱셈을 이용하면 도형을 위와 같이 자르지 않고도 한 모서리의 길이가 1.1cm인 정육면체의 부피를 간단히 구할 수 있다.

부피 : $1.1×1.1×1.1=1.331(cm^3)$

창의 융합 사고력
단위를 바꿔라

은수가 미국에 사는 친구 메리에게서 편지를 받았다. 편지에는 다음과 같은 내용이 쓰여 있었다. 은수는 이 편지를 우리말로 해석해 보았다. 메리는 자신의 키를 피트로, 몸무게는 파운드로 나타냈는데, 은수는 이것을 cm와 kg으로 바꾸고 싶다. 어떻게 바꿀 수 있을까? 참고로 1ft(피트)는 약 30.5cm이고, 1lb(파운드)는 약 450g이다.

> I am Mary. I am 5ft tall and weigh 90lbs with brown hair and blue eyes.
>
> 내 이름은 메리이다. 내 키는 5피트이고 몸무게는 90파운드이며, 갈색 머리에 파란 눈이다.

5ft(피트) _____

90lbs(파운드) _____

역사 속 수학

미터법의 역사

우리는 예전부터 길이는 '자', 넓이는 '평', 무게는 '근', 부피는 '되'와 같은 단위를 써 왔는데, 전 세계적으로는 m, m², m³, kg과 같은 단위를 사용한다. 이러한 '미터법'이 만들어지기 전까지 단위는 시대와 나라에 따라

백제의 도량형
우리나라에서는 백제 시대에 이미 일정한 규격의 도량형이 사용되었다.

달랐다. 심지어 같은 나라 안에서도 지역에 따라 다르기도 했다. 교통이 발달해 여러 지역에 있는 사람들이 서로 교류하면서 들쭉날쭉한 단위 때문에 많은 혼란을 겪었다. 17세기 후반에 들어서면서 단위를 통일하려는 노력이 구체적으로 시작되었다.

1790년 프랑스의 정치가 탈레랑(Talleyrand, 1754~1838)은 '미래에도 영원히 바뀌지 않는 것'을 기초로 해서 새로운 단위를 만들자고 제안했다. 이것이 미터법이 탄생하게 된 배경이다. 그 후 프랑스의 학자들이 모여 지구의 북극에서 남극까지의 거리인 자오선을 측정하기로 했다. 자오선은 모든 지구인이 공

자오선

	여러 가지 계량 단위	법정 계량 단위
길이	인치, 마일, 피트, 자	cm, m, km
넓이	평, 마지기	cm^2, m^2, km^2
부피	홉, 되, 말	m^3, mL, L
무게	돈, 근, 관	g, kg

미터법
우리나라도 2007년 7월부터 법정 계량 단위인 '미터법'을 의무적으로 사용하도록 하고 있다.

유할 수 있는 기준이 될 수 있기 때문이다. 그들은 프랑스 파리를 경유해 남극과 북극을 잇는 지구의 둘레를 측정하고, 그것을 4000만 등분한 하나를 1m로 정했다. 프랑스는 1799년에 이 미터법을 정식으로 채택했다.

미터법은 그 기본 단위를 세계 어느 곳에서도 인정할 수 있다는 것과 10진법을 채택하고 있다는 것이 큰 장점이다. 그러나 미국은 최근까지도 미터법을 사용하지 않았다. 그런데 1999년 NASA의 무인 화성 탐사선이 화성에 도착한 직후 폭발해 버리는 사고가 생겼다. 탐사선을 만든 회사는 야드 단위(1야드는 0.914m)를 사용했는데 탐사선 조종팀은 야드를 미터로 착각했던 것이다. 그 후 미국에서도 미터법을 사용하기로 했다고 한다.

4 길이와 거리, 그리고 높이

수학에서 '거리'란 서로 다른 두 점을 잇는 선분의 길이를 말한다. 그런데 이 거리는 우리가 실제로 경험하는 거리와 차이가 있다. 예를 들어 학교 정문에서 찻길 건너편에 있는 분식집까지의 거리를 잴 때 수학에서는 두 지점을 곧바로 연결하는 가장 짧은 직선의 길이를 재면 된다. 하지만 우리가 실제로 정문에서 그 분식집까지 가려면, 횡단보도를 이용해 돌아가야 하기 때문에 거리가 훨씬 길어진다.

초등 2-1, 2-2	초등 5-1	초등 6-1	중학 2-2
길이 재기	다각형의 넓이	직육면체의 겉넓이와 부피	피타고라스 정리

스토리텔링 수학
가장 짧은 길은?

수업을 마치고 나오는 길에 재윤이와 혜윤이가 학교 중앙 현관에서 마주쳤다.

"어? 오빠도 지금 끝났어?"

"그래. 집에 같이 가자."

운동장에는 축구를 하는 아이들이 있었다. 재윤이가 운동장을 가로질러 가려고 하자 혜윤이가 말렸다.

"오빠, 위험해! 그러다가 공에 맞으면 어쩌려고?"

"야, 그럼 너 혼자 가. 이렇게 가야 빠르지, 너처럼 돌아가면 언제 가냐?"

서둘러 오빠를 따라가며 혜윤이가 종알거렸다.

"이렇게 가나 저렇게 가나 어차피 마찬가지인데……."

"그렇지 않아. 이렇게 대각선으로 가로질러 가는 게 훨씬 빨라."

"그렇구나. 가로지르는 게 더 빠르네."

바로 그때 축구공이 재윤이에게 날아왔다.

"아야!"

재윤이는 혜윤이의 부축을 받았고, 둘은 겨우 교문 앞에 다다랐다.

교문 앞에는 횡단보도가 있고, 집은 건너편에 있다.

"여기로 건널까, 저기로 건널까?"

혜윤이가 망설이는 사이, 재윤이는 횡단보도가 교문 앞에서 집까지 대각선으로 죽 나 있는 모습을 상상했다.

운동장에서는 대각선 방향으로 가는 게 운동장 가장자리를 따라가는 것보다 거리가 더 짧다. 운동장에서는 어디로든 갈 수 있지만 찻길에서는 횡단보도로만 건너야 한다. 두 횡단보도는 도로와 수직으로 되어 있고 길이가 똑같기 때문에 어느 횡단보도로 건너더라도 학교에서 집까지의 전체 거리는 똑같다.

개념과 원리
최단 거리 구하기

수학에서의 거리와 실제 거리의 차이

우리나라 지도를 아주 간단히 그린 그림과 구불구불한 해안 도로를 자세히 표시한 그림이 있다고 하자. 도로를 직선으로 나타내면 실제 거리보다 짧아지게 된다.

수학에서는 간단한 그림을 사용하는 경우가 많고, 거리도 되도록 직선 거리를 구한다. 예를 들어 보자.

다음은 어느 호수와 산책로이다.

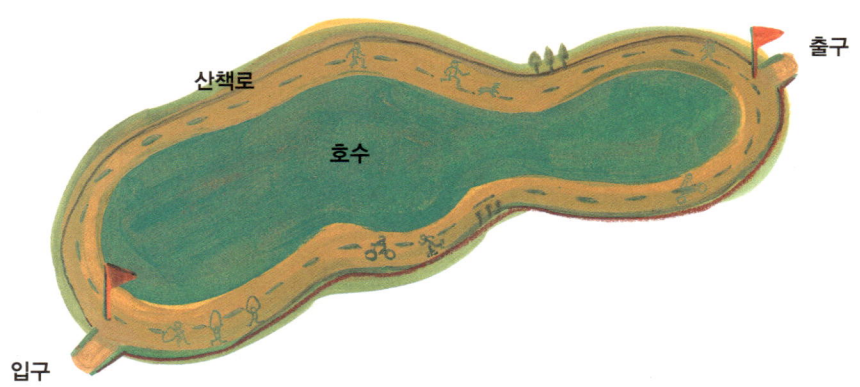

호수 공원의 입구에서 출구까지의 거리를 재는 방법은 2가지이다.

방법1 입구와 출구를 직선으로 이은 후 이 직선의 길이 재기

수학에서의 거리는 두 점 사이를 이은 선분의 길이를 말한다.

겨울에 물이 꽁꽁 얼어 있거나 입구부터 출구까지 직선으로 다리가 있다면 모를까, 실제로 물 위의 직선 길은 없다.

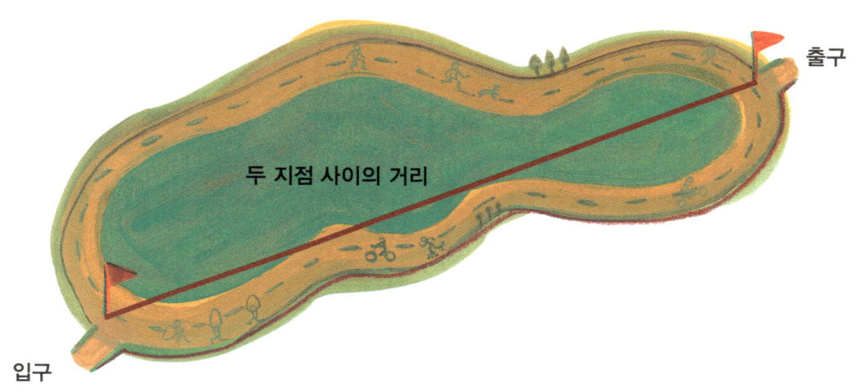

방법2 호수 주변 산책로 길이 재기

아래의 그림처럼 호수 주변 길이 우리가 실제로 갈 수 있는 길이고, 이 길의 길이를 일상생활에서는 '거리'라고 한다.

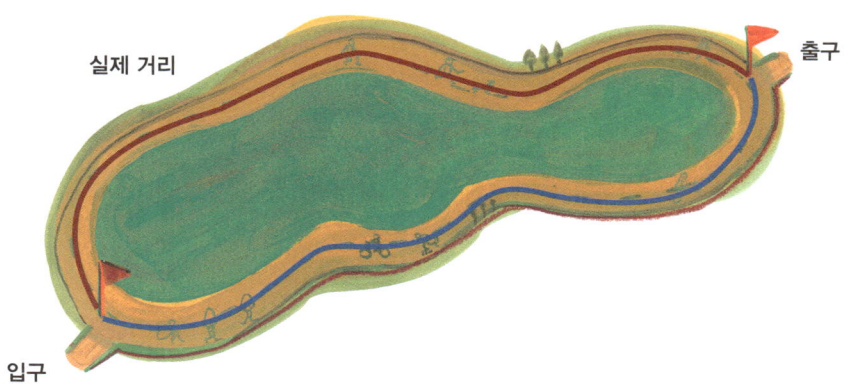

평면도형에서의 거리와 최단 거리

'두 점 사이의 거리'란 두 점 사이를 잇는 선분의 길이를 말한다. 가장 짧은 거리를 최단 거리라고 한다. 수학에서는 최단 거리를 어떻게 구할까?

평면 공간에서의 최단 거리
두 점 사이를 이은 다음 자로 잰다.

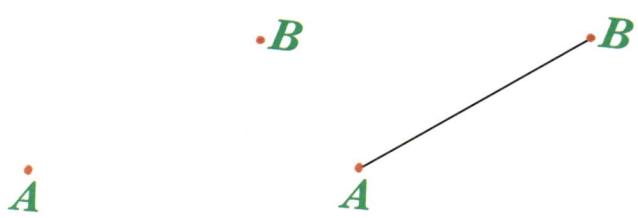

두 점이 모눈종이에 그려져 있다면, 두 점 사이의 거리를 자로 재지 않아도 된다. 피타고라스 정리를 활용해서 계산하면 최단 거리를 구할 수 있기 때문이다.

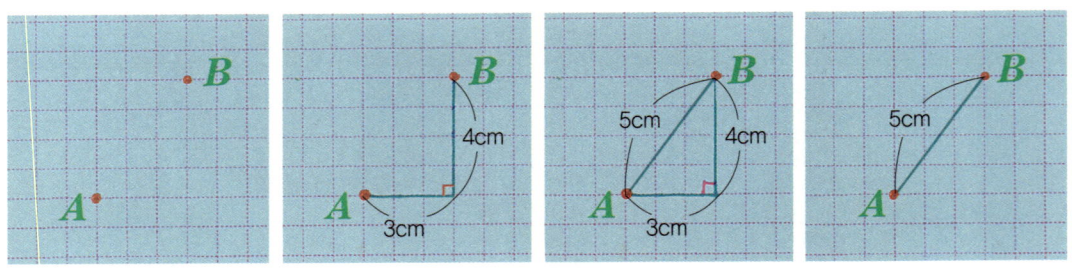

$3^2+4^2=$ ■ → $3^2+4^2=5^2$ → ■ $=5$(cm)

도로 문제에서의 최단 거리

다음 그림에서 한 칸의 가로가 5m, 세로가 4m라고 하자. C에서 D까지 갈 때의 최단 거리는 18m이다. 이때 중요한 것은 최단 거리로 가려면 '왔던 방향으로 되돌아가면 안 된다.'는 점이다. 갔던 길을 되돌아가거나 이리저리 왔다 갔다 하는 경우에는 거리가 늘어나므로 최단 거리가 될 수 없다. C는 왼쪽 아래에 있고 D는 오른쪽 위에 있으므로 왼쪽에서 오른쪽으로, 또 아래쪽에서 위쪽 방향으로만 가야 한다. C에서 D까지 최단 거리로 가는 방법은 몇 가지일까?

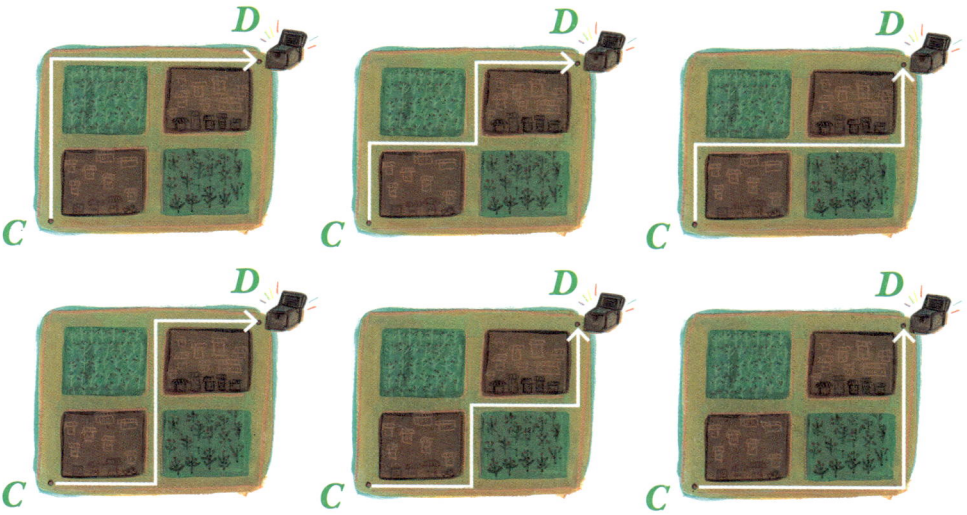

위의 경우처럼 6가지나 된다. 도로를 연결하는 끈을 떠올리면 훨씬 이해하기 쉽다. 끈을 꺾어 놓아도 길이에는 변함이 없다. 수학의 최단 거리 문제에서도 꺾어진 거리의 합이 같으면 거리가 같은 것으로 한다.

입체도형에서의 거리와 최단 거리

이번에는 입체도형에서의 최단 거리에 대해 알아보자.

입체도형의 최단 거리는 겉을 따라가면서 가장 짧은 거리로 가는 방법과 안쪽을 통과하는 방법이 있다.

겉을 따라가며 최단 거리 구하기-펼쳐서 알아보기

입체도형의 겉을 따라가며 최단 거리를 구할 때는 입체도형의 전개도를 펼쳐 평면도형으로 만들어서 최단 거리를 구할 수 있다.

나무는 원기둥 모양을 하고 있는데, 나팔꽃은 나무를 감아 올라가면서 자란다. 나팔꽃이 나무를 휘감으며 자라는 모습은 언뜻 빙 둘러가는 것 같지만, 펼쳐 보면 다음과 같이 대각선(직선) 모양이 된다. 왜 그럴까? 실제로는 이것이 가장 짧은 거리이기 때문이다.

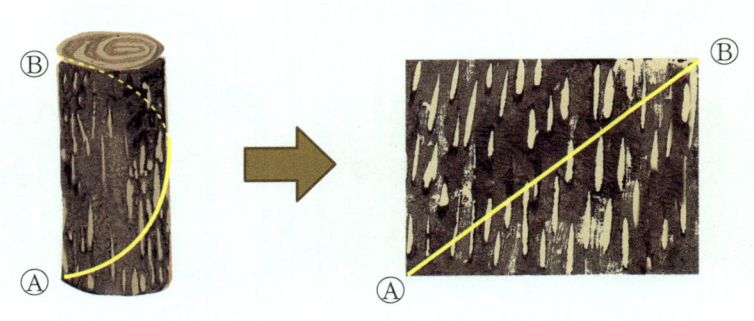

직육면체에서는 어떨까? 아래 그림에서 책모서리 ⓒ에서 ⓓ로 가는 가장 짧은 거리를 구하는 방법에 대해 알아보자. 책의 두 면을 펼쳐 보면 ⓒ에서 ⓓ까지의 거리는 대각선이다.

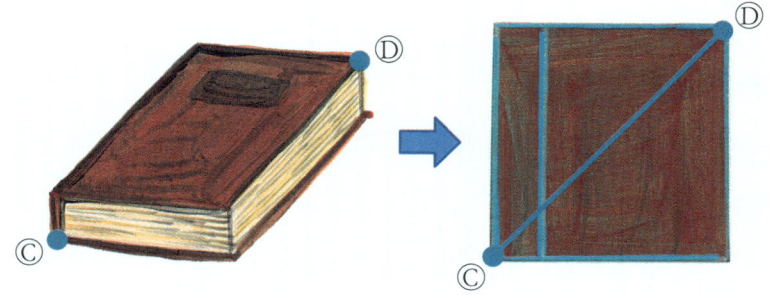

안쪽을 통과하며 최단 거리 구하기-직각삼각형 이용하기

개미가 직육면체 모양의 치즈 ⓔ 지점에서 반대쪽에 있는 ⓕ 지점까지 치즈 속을 통과해서 간다고 하자. 이 경우에는 직육면체의 안쪽을 통과할 수 있으므로 직접 그 거리를 재면 된다. 직육면체의 대각선이 직육면체를 통과하는 가장 짧은 선이다.

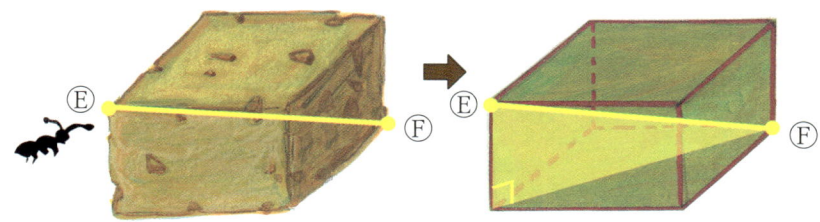

이 대각선은 직육면체를 가르는 직각삼각형의 '빗변'이며 직각삼각형의 빗변의 길이가 바로 직육면체를 통과하는 최단 거리이다.
수학에서 말하는 거리는 '가장 짧은 길이'를 뜻한다는 것을 명심하자.

도형의 높이

평면도형의 높이

높이는 점과 직선 사이, 점과 평면 사이, 평행한 두 직선 사이, 평행한 두 평면 사이를 잇는 '가장 짧은 거리'를 말한다.

직사각형에서의 높이는 '세로 변의 길이'이다.

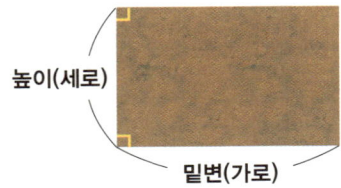

삼각형에서의 높이는 '한 꼭짓점에서 그 꼭짓점과 마주 보는 변, 또는 그 연장선에 수직으로 그은 선의 길이'이다.

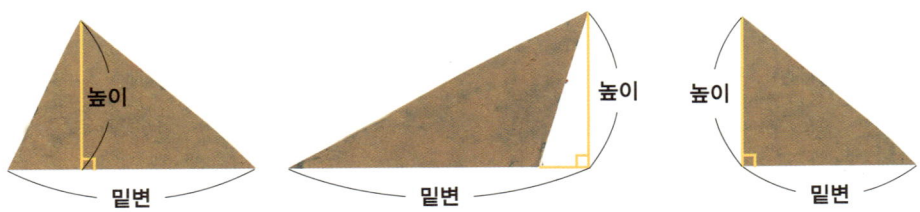

사다리꼴이나 평행사변형의 높이는 '두 평행선 사이의 거리'이다. 높이는 밑변과 수직이다.

입체도형의 높이

각기둥의 높이는 두 밑면에 수직인 선분의 길이를 말한다.

입체도형에서의 높이는 평행한 두 평면 사이의 거리 또는 각뿔이나 원뿔의 꼭짓점에서 마주 보는 밑면에 내린 수선의 길이를 말한다.

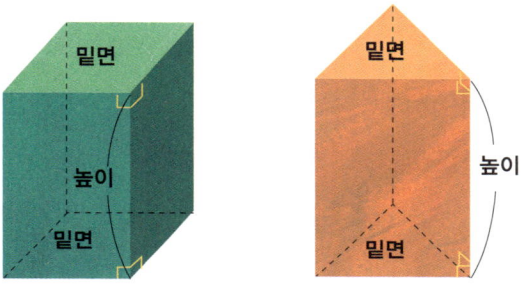

원기둥의 높이는 '두 밑면에 수직인 선분의 길이'이다. 하지만 원뿔에서 높이는 '밑변과 꼭짓점 사이의 거리'를 말한다.

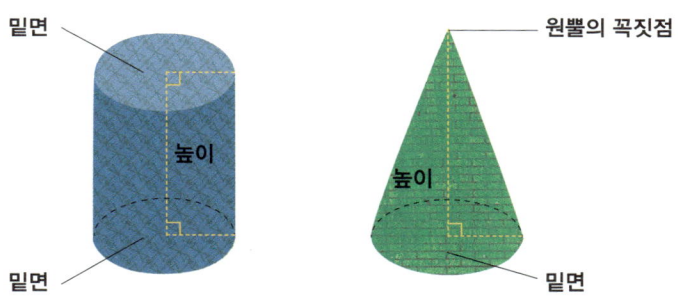

평면도형의 높이는 밑변과 수직이고, 입체도형에서의 높이는 밑면과 수직임을 명심하자.

창의 융합 사고력

대각선의 길이를 구하는 방법은?

우리나라에는 탑이 많다. 나무, 흙, 벽돌 등 여러 가지 재료로 만든 탑 중에서도 돌로 만든 석탑이 가장 많다. 화강암이 많아서 재료도 얻기 쉬웠지만 보전이 잘 되어서 많이 남아 있는 것이다. 하지만 탑을 만들 당시에는 돌이 워낙 단단해서 석공들이 이를 다듬고 옮기느라 애를 많이 썼을 것이다.

옛 석공들은 직육면체 모양의 돌의 대각선을 구할 때 아래의 그림과 같은 방법을 썼다고 한다. 오른쪽 석공이 돌의 높이만큼 끈을 위로 올린 뒤 왼쪽 석공 앞의 모서리까지 끈을 늘어놓는 방법을 쓴 것이다. 이 방법이 어떻게 대각선의 길이를 구하는 방법이 될 수 있다는 것일까? 각자 생각해 본 다음 자신의 생각을 설명해 보자.

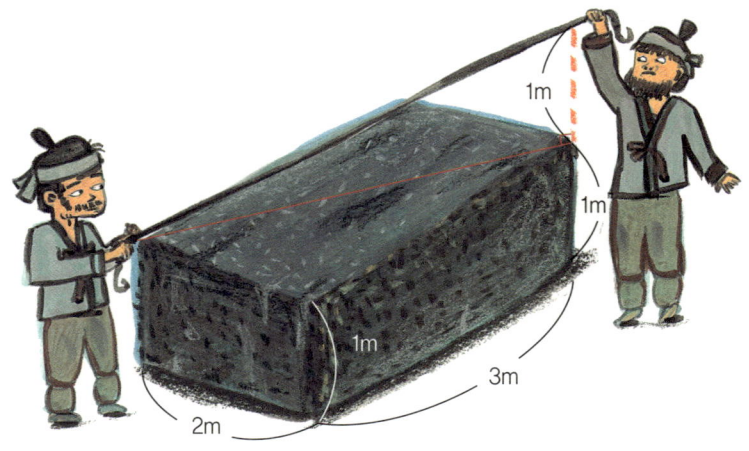

톡톡 수학 게임

4등분 하라

다음 그림과 같은 T자형 토지를 갖고 있는 주인이 땅을 5개의 정사각형으로 나누어 팔려고 했다. 그런데 5등분 한 땅의 크기가 너무 작아 사려는 사람이 없었다. 할 수 없이 같은 땅을 4등분 해서 팔려고 한다. 어떻게 나누어야 할까?

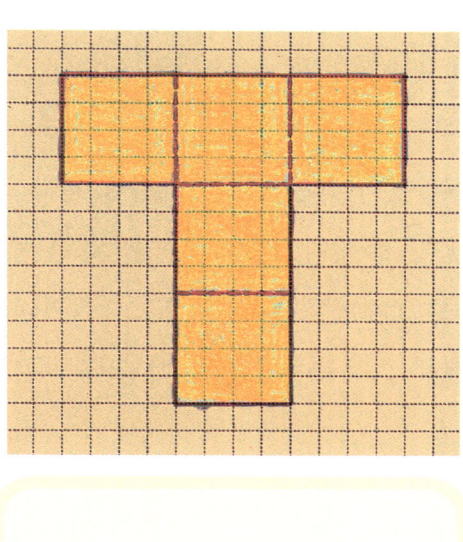

역사 속 수학
삼각법과 높이

에베레스트 산의 높이는 어떻게 잴까? 에베레스트 산의 등산로를 따라 정상까지 올라가는 길이를 높이라고 할 수는 없다. 그렇다고 산 정상에서 바닥까지 수직으로 파고 내려오면서 그 거리를 잴 수도 없다. 이렇게 큰 산의 높이를 재려면, 직각삼각형과 비례를 이용해야 한다. 이 방법을 '삼각법'이라고 한다.

삼각법은 직각삼각형에서 변의 비에 따라 결정되는 삼각비를 이용해 도형에 관해 계산하는 방법이다. 삼각법은 측량, 항해, 천문 등 실용적인 목적에 따라 발전했다. 19세기 영국의 군인이었던 에베레스트(George Everest, 1790~1866)는 삼각법을 이용해 인도 대륙과 히말라야의 험준한 산맥 고도를 여러 해에 걸쳐 측량했다. 그가 그때 측량한 최고봉의 높이

에베레스트 산

는 약 8839m였다. 현재 밝혀진 에베레스트 산의 높이가 약 8848m인 것을 보면 당시 에베레스트가 얼마나 정확히 측정한 것인지 알 수 있다. 그의 공헌을 기려 이 산을 에베레스트 산이라고 부른다.

그런데 이런 기술을 에베레스트가 처음 알아낸 것일까? 그렇지는 않다. 고대 중국이나 이집트, 메소포타미아 사람들도 천문학을 연구하거나 바다를 항해하기 위해 삼각법을 이용했다.

삼각법을 가장 처음 생각해 낸 사람은 그리스의 천문학자 히파르코스(Hipparchos, 기원전 190?~기원전 125?)로 알려져 있다. 히파르코스는 원의 각과 현의 관계에 대한 표를 만들었다고 한다. 그는 이 표를 이용해서 별이 어느 지역에서 언제 뜨는지까지도 계산할 수 있었고, 달의 시차를 재서 이것을 바탕으로 지구와 달의 거리, 지구와 태양의 거리를 잰 뒤 그 거리가 지구 지름의 약 30배라는 것도 알아냈다.

시차는 서로 다른 곳에서 한 물체를 바라볼 때 생기는 각의 차이를 말한다. 물체의 거리가 멀어질수록 시차가 점점 작아지므로 시차를 알면 물체까지의 거리도 알 수 있다.

히파르코스
니케아 출신의 그리스 천문학자 히파르코스가 알렉산드리아의 천문대에서 별들을 관찰하고 있다.

5 넓이와 둘레

평면도형의 크기를 넓이라 하고, 평면도형을 둘러싼 선의 길이를 둘레라고 한다. 넓이의 기본 도형은 정사각형이고, 기본 단위는 cm^2(제곱센티미터), m^2(제곱미터), km^2(제곱킬로미터) 등이다.

둘레의 기본 도형은 선분이고 기본 단위는 cm(센티미터), m(미터), km(킬로미터) 등이다.

넓이와 둘레 사이에는 어떤 관계가 있을지 알아보자.

초등 5-1	초등 6-1	중학 1-2
다각형의 넓이	원의 넓이	평면도형

스토리텔링 수학

접시의 모양

오늘은 몇 년 전 칠레 산티아고로 이사를 간 민수네 큰집 가족들이 오는 날이다. 손님맞이 준비에 집안은 하루 종일 분주했다. 음식을 준비하고 식탁을 차리던 엄마가 민수에게 부탁했다.

"민수야, 저 위에서 사각 접시 가운데 좀 넓은 걸로 꺼내 줄래?"

찬장에는 여러 가지 크기의 사각 접시가 있었다. 민수는 옆으로 길고 폭이 좁은 접시를 꺼냈다.

"아니, 좀 넓은 걸로 달라니까."

엄마는 민수가 못 알아듣자 정사각형 모양의 접시를 꺼내셨다. 그리고 접시 위에 은박지를 깔려다 말고 말씀하셨다.

"은박지가 너무 넓네."

바로 그때 아빠와 함께 큰집 식구들이 도착했다.

"어머, 어서 오세요!"

"제수씨, 잘 지내셨어요? 우리 민수는 키가 많이 컸네!"

가족들은 서로 인사를 나누고 식사를 하기 시작했다.

민수는 칠레라는 나라가 궁금해서 큰아버지께 이것저것 여쭤 보았다.

"큰아버지, 칠레가 우리나라보다 커요?"

"칠레는 우리나라보다 훨씬 넓지! 하지만 폭은 좁단다."

"네? 넓긴 넓은데 폭이 좁다고요?"

"그렇단다. 좁고 긴 나라야."

민수는 조금 전 엄마와 함께 꺼내 보던 접시 모양을 떠올리며 큰아버지 말씀이 무슨 뜻인지 생각했다.

'넓다'에는 '①면이나 바닥의 면적이 크다.'는 뜻도 있고 '②너비가 길다.'는 뜻도 있다. '넓은' 접시에서의 '넓다'는 ①의 의미이고, 엄마가 은박지를 '넓다'고 한 것은 ②의 뜻이다. 민수가 칠레 땅의 크기에 대해 물었을 때 큰아버지가 넓다고 한 것은 ②의 의미가 아니라 ①의 의미이다.

개념과 원리
도형의 넓이와 둘레

'넓다'와 넓이

평면의 크기를 넓이라고 한다. 도형의 넓이란 정사각형 하나로 덮을 수 있는 크기를 1로 하고, 이 정사각형을 도형 위에 겹치지 않게 빈틈없이 늘어놓았을 때, 몇 번이나 들어가는지를 세는 것이다.

아래 그림처럼 같은 천을 사용해서 만든 2개의 수건이 있다고 할 때, 이 두 수건의 '크기'를 비교해 보자.

가로의 길이만 비교하면 Ⓑ가 더 길다. 따라서 폭이 더 넓은 것은 Ⓑ이다. 하지만 천을 더 많이 사용해서 만든 수건이 어느 쪽인지, 즉 넓이가 더 큰 수건이 무엇인지 알아보기 위해서는 두 수건을 겹쳐 놓고 비교해 보아야 한다.

두 수건을 포갰을 때 겹치는 부분의 크기는 서로 같으므로, 남은 부분만 비교하면 된다.

남은 부분을 대어 보니, 위의 그림과 같다. 결국 Ⓐ가 Ⓑ보다 ✿ 1개 만큼 크므로 넓이가 크다.

수학에서는 수를 사용해서 넓이를 구한다. 또한 그 값을 비교해서 '넓이가 크다' 또는 '넓이가 작다'고 한다.

단위 사각형의 개수를 구하면 도형의 넓이를 구할 수 있다. 이때 단위 사각형의 크기에 따라 넓이 단위가 달라진다. 한 변의 길이가 1cm라면, 이 단위 사각형의 넓이는 $1cm^2$이다. 한 변의 길이가 1m라면, 이 사각형의 넓이는 $1m^2$이고, 한 변의 길이가 1km일 때의 단위 넓이는, $1km^2$이다. 한 변의 길이가 10m인 정사각형의 넓이는 $100m^2$이고, 이것은 1a(아르)이다.

아래의 그림 중에서 ①을 보자. 작은 정사각형 하나의 크기가 $1cm^2$ 라면 전체 도형에는 25개가 들어 있으므로, 이 도형의 넓이는 $25cm^2$이다. 만약 작은 정사각형 하나의 크기가 $1m^2$라면 이 도형의 넓이는 $25m^2$이고, 작은 정사각형 하나의 크기가 $1km^2$라면 ①의 넓이는 $25km^2$이다.

작은 정사각형 하나의 크기를 $1cm^2$라고 하면 ②의 넓이는 $32cm^2$이다. 가로가 8cm이고 세로가 4cm이므로 8×4=32(cm^2)라고 할 수도 있다.

만약 ③의 작은 정사각형 하나의 크기가 $1km^2$라면 ③도형의 넓이는 $37km^2$이고, 작은 정사각형 하나의 크기가 $1m^2$라면 $37m^2$이며, 작은 정사각형 하나의 크기가 $1cm^2$라면 $37cm^2$이다.

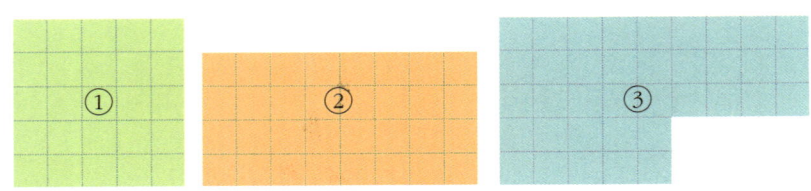

둘레란 무엇일까?

도형의 둘레는 도형을 이루는 선의 길이를 말한다.
따라서 다각형의 둘레는 모든 변의 길이의 합이다.

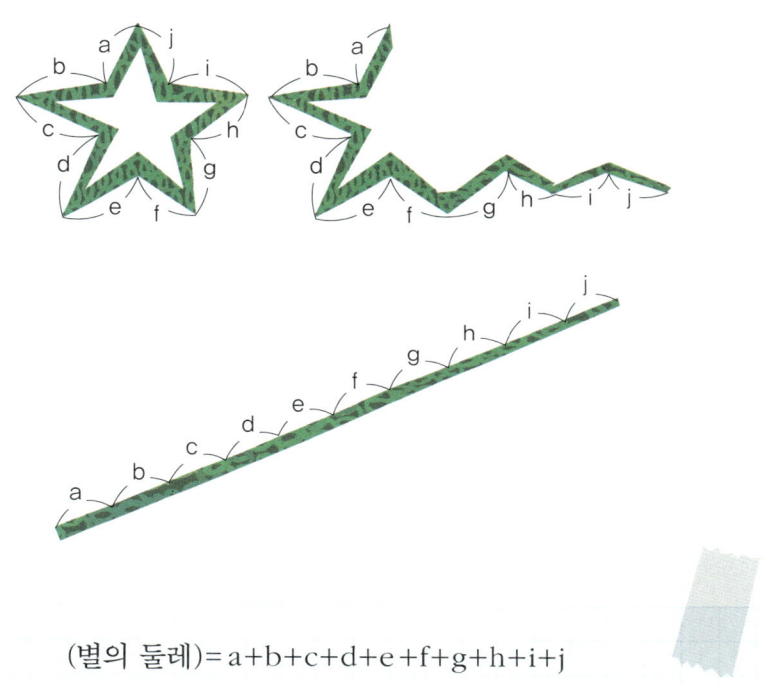

(별의 둘레)= a+b+c+d+e+f+g+h+i+j

정다각형은 모든 변의 길이가 똑같기 때문에 둘레를 구하기가 쉽다.
예를 들어 한 변의 길이가 3cm인 정삼각형의 둘레는 3×3=9(cm)이고, 둘레가 15cm인 정삼각형의 한 변의 길이는 15÷3=5(cm)이다.
또, 한 변의 길이가 5cm인 정사각형의 둘레는 5×4=20(cm)이고, 둘레가 25cm인 정사각형의 한 변의 길이는 25÷4=6.25(cm)이다.

원의 둘레는 지름과 원주율의 곱이다. 지름의 약 3.14배가 둘레이기 때문이다.

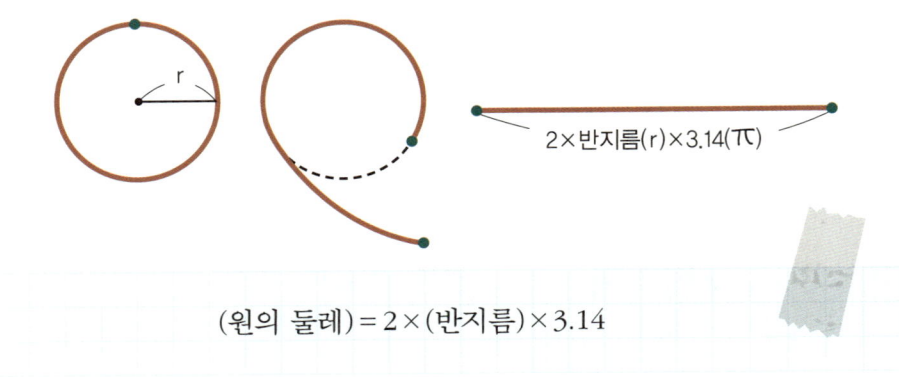

(원의 둘레) = 2 × (반지름) × 3.14

입체도형의 둘레 중에서 직육면체의 모든 모서리의 합을 구해 보자.

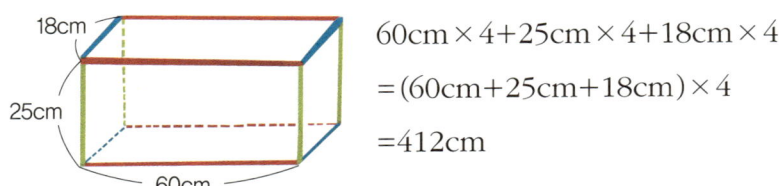

$60\text{cm} \times 4 + 25\text{cm} \times 4 + 18\text{cm} \times 4$
$= (60\text{cm} + 25\text{cm} + 18\text{cm}) \times 4$
$= 412\text{cm}$

원기둥의 전개도에서 밑면인 두 원의 둘레와 옆면인 직사각형의 둘레의 합을 구해 보자. 밑면의 둘레와 옆면의 가로의 길이는 서로 같다.

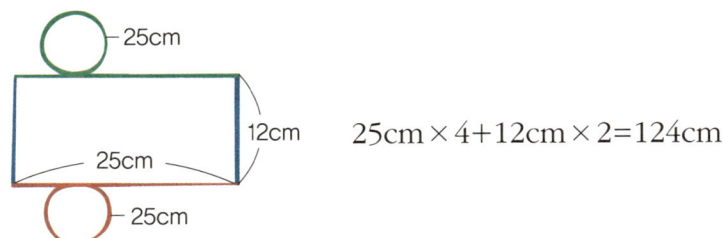

$25\text{cm} \times 4 + 12\text{cm} \times 2 = 124\text{cm}$

도형의 둘레와 넓이의 관계

둘레가 길면 넓이도 클까? 다음 두 도형의 둘레를 알아보자.

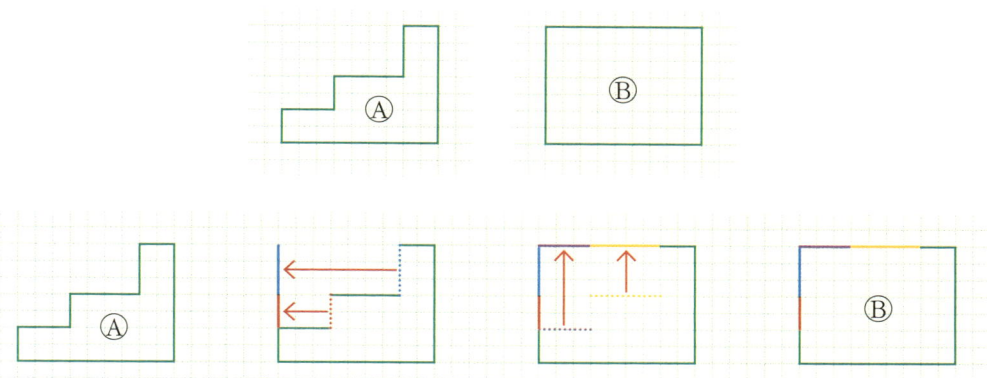

첫 번째 도형의 변들을 이동하면 Ⓑ와 같다. 즉 두 도형의 둘레는 똑같다.

Ⓐ의 둘레 = Ⓑ의 둘레

이번에는 두 도형의 넓이를 구해 보자. 이 도형들에 들어 있는 작은 정사각형들을 세어 보면, Ⓐ는 36개이고 Ⓑ는 63개이다. 따라서 Ⓑ의 넓이가 더 크다.

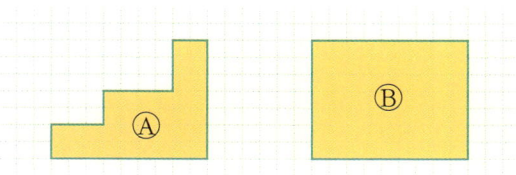

Ⓐ의 넓이 < Ⓑ의 넓이

다음 두 도형의 둘레와 넓이를 알아보자.

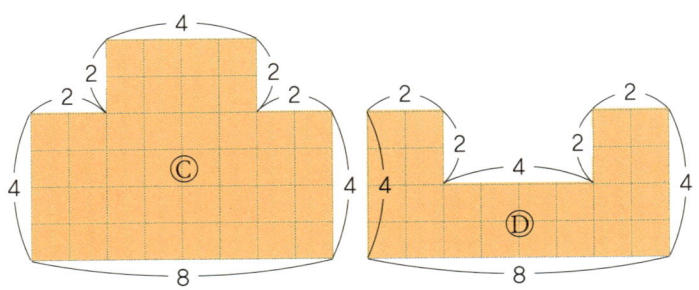

ⓒ의 둘레 : 28, ⓓ의 둘레: 28   ⓒ의 둘레 = ⓓ의 둘레
ⓒ의 넓이 : 40, ⓓ의 넓이: 24   ⓒ의 넓이 > ⓓ의 넓이

두 도형의 둘레는 같지만 넓이는 다르다.
한편, 넓이는 같지만 둘레가 다를 수도 있다.

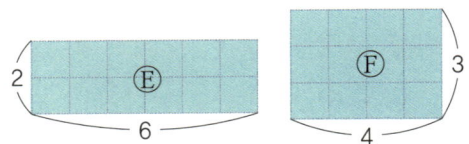

ⓔ의 둘레 : 16, ⓕ의 둘레 : 14   ⓔ의 둘레 > ⓕ의 둘레
ⓔ의 넓이 : 12, ⓕ의 넓이 : 12   ⓔ의 넓이 = ⓕ의 넓이

이처럼 둘레가 길다고 해서 넓이가 크다고 할 수 없고, 둘레가 같다고 해서 넓이도 같다고 말할 수 없다. 결국 도형의 둘레와 넓이 사이에는 어떤 특별한 관계가 있지 않다는 것을 알아 두자.

넓이를 구하는 방식이 다른 이유는?

창의 융합 사고력

다음은 조선 후기 농사에 대한 글이다. 두 글에는 '두락'과 '무'라는 단위가 나온다. '두락'은 '마지기'라고도 하며, 한 '말'의 씨를 뿌릴 수 있는 땅의 크기를 말한다. 한 '말'은 지금의 18L(리터)쯤 된다. '무'는 땅의 모양을 정사각형으로 하고, 가로와 세로의 길이를 재서 넓이를 표시하는 단위였다. 1무는 약 100m²이다.

각각의 단위로 넓이를 구하는 방식에 어떤 차이가 있는지 설명해 보자.

> 1770년대 말 5월, 이병모가 말했다. "직파법으로 불과 10**두락**의 농사를 짓던 사람이 모내기법으로 하면 족히 40**두락**의 농사를 지을 수 있습니다."
> – 안정복의 《일성록》 중에서
>
> 서울 부근과 각 지방 대도시 주변의 파밭, 마늘밭, 오이밭에서는 10**무**의 땅으로 수백 냥을 번다. – 정약용의 《경세유표》 중에서

역사 속 수학
프랙탈이란 무엇일까?

프랑스 수학자 만델브로트(Benoit Mandelbrot, 1924~2010)는 1967년에 '영국의 해안선 길이는 얼마일까?'라는 질문에 대한 자신의 생각을 발표했다. 그는 코끼리가 해안선을 성큼성큼 걸어가면서 거리를 잴 때와 개미가 살살이 지나가며 잴 때는 많은 차이가 있을 거라고 생각했다. 코끼리는 세세한 곳을 지나치므로, 개미가 세세한 곳까지 다니며 거리를 재는 것보다는 전체 길이가 짧아진다는 것이다.

이렇게 똑같은 해안선이라도 어떤 자로 재느냐에 따라 길이가 달라지기 때문에 결과적으로 아주 작은 자를 이용하면 해안선의 길이가 무한대로 늘어난다는 것이 그의 주장이었다. 또 개미가 지나간 해안선의 모양과 코끼리가 지나간 해안선의 모양이 서로 비슷하다는 사실도 발견한 뒤 이런 구조를 '프랙탈'이라 이름 붙였다.

만델브로트 집합
특이한 형태로 소용돌이치는 S자와 딱정벌레처럼 생긴 모양이 수없이 반복되고 있다.

프랙탈이란 작은 구조가 전체 구조와 비슷한 형태로 끝없이 되풀이 되는 것을 말한다. 따라서 프랙탈은 원이나 사각형 등의 도형으로 설명할 수 없는 자연의 고르지 않은 현상이나 불규칙한 형태의 사물을 묘사하는 데 활용된다. 리아스식 해안선, 나뭇가지 모양, 창문에 성에가 끼는 모습, 산맥의 모습도 다 프랙탈이며 우주의 모든 것이 결국은 프랙탈 구조로 되어 있다고 할 수 있다. 프랙탈 원리는 복잡한 과학 현상을 설명할 때도 쓰이고 컴퓨터로 미술 작품을 만들 때에도 쓰인다.
아래의 2가지 예는 프랙탈을 잘 보여 준다.

코흐 눈송이
1904년 스웨덴의 수학자인 코흐(Helge von Koch, 1870~1924)가 만든 눈송이이다. 먼저 정삼각형을 그린다. 그런 다음 각 변을 3등분 해서 한 변의 길이가 이 3등분 한 길이와 같은 정삼각형을 붙인다. 이 같은 과정을 한없이 계속하면 코흐 눈송이를 만들 수 있다. 눈송이의 둘레는 무한히 늘어나지만, 넓이는 무한히 늘어나지 않는다.

시어핀스키 삼각형
1916년 폴란드 수학자 시어핀스키(Waclaw Sierpinski, 1882~1969)가 만든 삼각형이다. 먼저 정삼각형 하나를 그린다. 각 변의 중점을 연결해 중간에 정삼각형을 만든 뒤 비운다. 남은 작은 삼각형 3개 각각에다 앞의 과정을 반복한다. 이 과정을 계속하면 구멍이 숭숭 뚫린 삼각형이 되어 넓이는 0에 가까워지지만, 둘레는 한없이 길어진다.

6 평면도형의 넓이

다각형 중에서 기본 도형은 삼각형이다. 하지만 넓이를 구할 때의 단위 도형은 삼각형이 아닌 정사각형이다. 정사각형 모양의 모눈 1칸의 크기가 넓이의 단위가 되기 때문이다. 직사각형의 넓이는 밑변과 높이가 결정하므로 도형의 모양이 달라도 밑변과 높이가 같으면 넓이도 같다. 그렇다면 여러 가지 다각형과 원의 넓이는 어떻게 구할까?

초등 5-1
다각형의 넓이 ▶ 초등 6-1
원의 넓이

스토리텔링 수학
엉터리 땅따먹기 놀이

쌍둥이 형제인 우석이와 우경이는 땅따먹기 놀이를 하기로 했다. 먼저 땅바닥에 커다란 직사각형을 그렸다. 그런 뒤에 서로 마주 보는 꼭짓점을 정한 뒤 손 한 뼘이 반지름인 원을 그려 각자 자기 땅을 표시했다.

"흰 바둑알은 내 말이고, 검은 바둑알은 네 말이다."

"좋아!"

가위바위보로 순서를 정해서 형 우석이가 먼저 시작했다.

우석이는 처음부터 땅을 독차지하겠다는 욕심에 바둑알을 세게 튕겨 말이 아예 금 밖으로 나가 버렸다. 우경이는 바둑알을 밖으로 보내지 않도록 살살 튕겨서 세 번 만에 자기 집으로 잘 돌아왔지만 너무 조심하는 바람에 아주 적은 땅을 얻었다.

"크크……. 겨우 고만큼이냐? 이번엔 내 차례닷!"

이번에도 우석이는 세게 튕겼다. 두 번 만에 말이 우경이네 집에까지 들어가자 우석이는 심호흡을 하고 바둑알을 힘차게 튕겼다. 하지만 말은 우석이 집 바로 앞에서 멈추고 말았다.

"우하하, 욕심만 잔뜩 부리다가 땅은 하나도 못 얻었잖아……."

신이 난 우경이는 조심스럽게 살살 튕겨서 땅을

넓혔다. 횟수를 거듭할수록 우경이의 땅은 조금씩 넓어졌고, 우석이의 땅은 여전히 제자리였다. 어떻게든 이기고 싶은 마음에 이리저리 생각을 모으던 우석이가 꾀를 냈다.

"아 참, 땅이 아무리 많아도 소용없다는 건 알지?"

"그게 무슨 소리야? 땅이 많으면 이기는 게 당연하지."

"아니! 땅이 아무리 많아도 얼마나 많은지를 모르면 소용없지. 네가 가진 땅의 크기가 얼마나 되는지 말할 수 있어야 이기는 거야."

"말도 안 돼! 땅이 직사각형 모양도 아닌데 어떻게 넓이를 알 수 있어?"

"난 알 수 있지롱~ 내 땅은 손 뼘으로 그린 원의 딱 4분의 1이거든."

우경이가 딴 땅의 넓이를 구하기란 쉽지 않다. 실제로도 집터나 논밭 등은 모양이 반듯하지 않다. 하지만 그럴더라도 넓이를 구할 수 있다. 어떤 방법으로 구하는 것일까?

개념과 원리
평면도형의 넓이

삼각형과 평행사변형의 넓이

다음 도형의 넓이를 구하기 위해서 도형을 오리거나 옮겨 구하는 방법을 생각해 볼 수 있다.

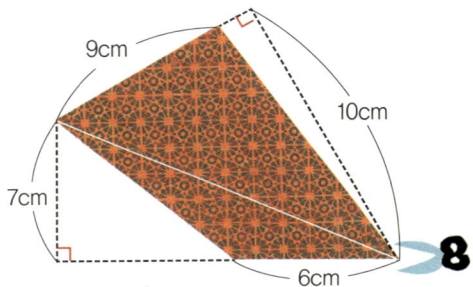

이 도형을 대각선으로 자르면 삼각형 2개가 나온다. 만약 삼각형의 넓이를 구할 수 있다면 이 사각형의 넓이도 구할 수 있을 것이다. 그렇다면 삼각형의 넓이를 구하는 방법부터 알아보아야 한다.

우선 모눈종이 위에 그려진 삼각형의 넓이를 구해 보자.

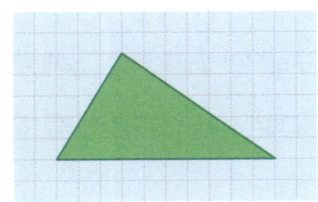

작은 모눈의 개수를 일일이 세면 삼각형의 넓이를 알 수 있지만, 정사각형 모양의 모눈이 잘린 게 너무 많아서 일일이 세기가 어렵다. 그렇다면 이 삼각형을 둘러싸는 직사각형을 그려 보자.

삼각형을 둘러싼 큰 직사각형의 넓이를 구해도 아직 삼각형의 넓이를 구하는 법을 모르기 때문에 여전히 초록색 삼각형의 넓이를 구할 수 없다. 왼쪽의 하늘색 삼각형을 오른쪽의 하늘색 삼각형 옆에 이어 붙이면 어떨까?

그러고 보니 평행사변형이 되었다. 따라서 평행사변형의 넓이를 구할 수 있다면 삼각형의 넓이도 구할 수 있을 것이다.

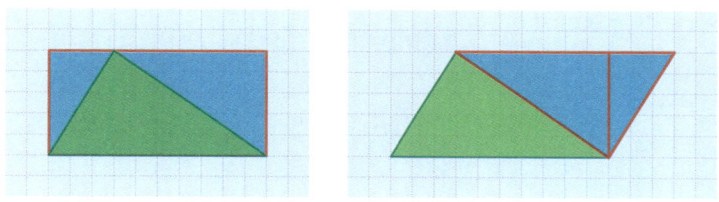

우리는 3장에서 직사각형의 넓이를 구하는 법을 배웠다. 이 평행사변형을 직사각형 모양으로 바꿀 수만 있다면 평행사변형의 넓이도 구할 수 있다. 이 평행사변형을 직사각형으로 만들어 보자.

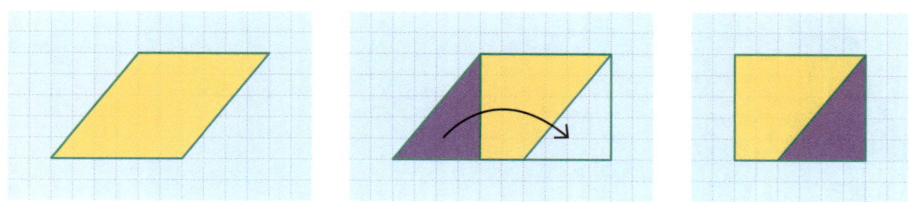

모눈 1개에 해당하는 작은 정사각형의 한 변의 길이가 1cm라고 하자. 직사각형을 이룬 작은 정사각형의 개수를 세어 보니 30개이므로 이 직사각형의 넓이는 30cm²이다. 평행사변형 모양이 직사각형으로 바뀌었지만 크기는 변함이 없었다. 따라서 처음의 평행사변형의 넓이도 30cm²이다. 직사각형의 넓이는 '(가로)×(세로)'이다. 직사각형은 평행사변형에 속하고, 가로와 세로가 서로 수직이므로 직사각형의 가로는 평행사변형의 밑변에 해당한다. 따라서 '(가로)×(세로)'를 '(밑변)×(높이)'로 바꿀 수 있고, 이것이 바로 평행사변형의 넓이 구하는 공식이 된다.

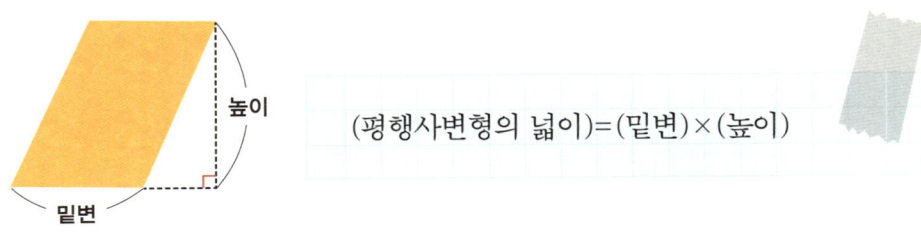

평행사변형의 넓이를 이용해서 삼각형의 넓이를 구해 보자. 합동인 삼각형 2개를 방향을 바꿔 이어 붙이면 평행사변형이 된다. 이 평행사변형의 넓이는 '(밑변)×(높이)'인데, 이것은 삼각형 2개의 넓이이다. 따라서 삼각형 1개의 넓이는 방금 구한 평행사변형 넓이의 $\frac{1}{2}$이다.

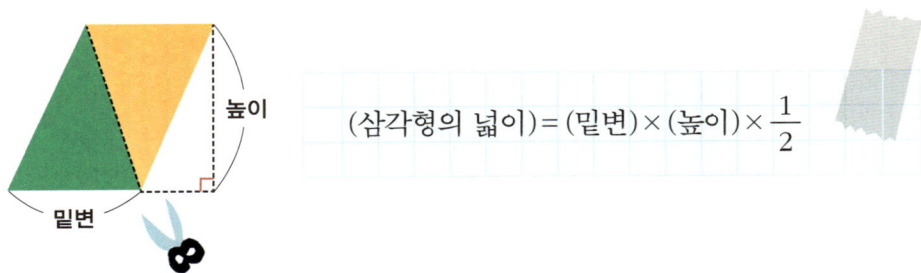

높이와 밑변이 서로 수직이라는 사실만 잊지 않는다면 어떤 모양의 삼각형이든지 이 공식에 따라 넓이를 구할 수 있다.

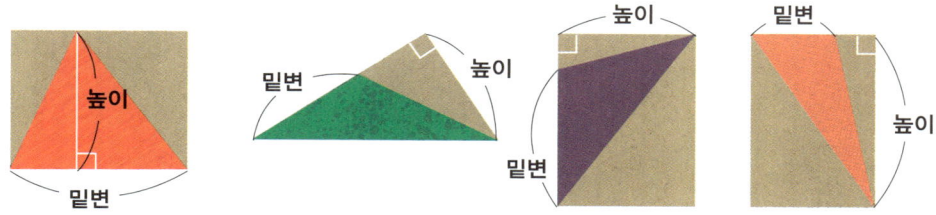

지금까지 알아본 내용을 종합해서 맨 처음 도형의 넓이를 구해 보면, $(6 \times 7 \times \frac{1}{2}) + (9 \times 10 \times \frac{1}{2}) = 66(\text{cm}^2)$이다.

사다리꼴의 넓이

자르기 방법

사각형 중에는 평행사변형이 아닌 사각형도 있다. 이 중에서 사다리꼴의 넓이를 구해 보자. 평행사변형의 넓이를 구할 때와 마찬가지로, 사다리꼴 모양을 넓이를 구할 수 있는 다른 도형으로 바꿔 보자. 사다리꼴은 다음과 같이 자를 수 있다.

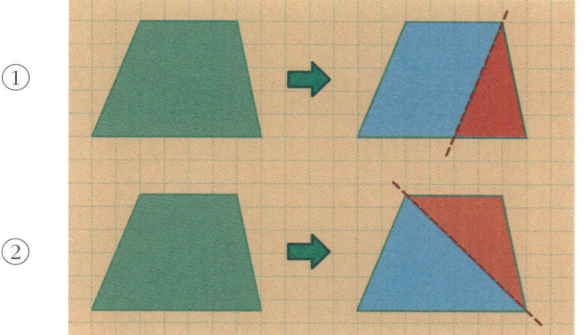

① 평행사변형 1개 + 삼각형 1개

② 삼각형 2개

이어 붙이기 방법

아니면, 합동인 사다리꼴 2개를 이어 붙여서 커다란 평행사변형을 만들 수도 있다.

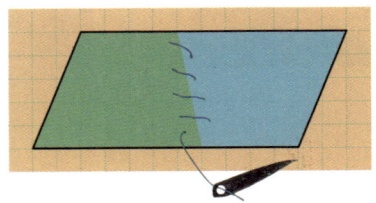

이 중에서 어떤 방법으로 사다리꼴의 넓이를 구하는 것이 가장 좋을까? 우리는 이미 평행사변형의 넓이를 구하는 방법을 알고 있으므로, 이어 붙이기 방법으로 구해 보자.

사다리꼴 2개를 이어서 만든 평행사변형의 밑변의 길이는 '(사다리꼴의 아랫변)+(사다리꼴의 윗변)'이다. 이때 높이는 사다리꼴의 높이와 변함이 없다. 따라서 평행사변형의 넓이는 사다리꼴의 '{(아랫변)+(윗변)}×(높이)'이다. 사다리꼴 1개는 이 평행사변형 넓이의 $\frac{1}{2}$이므로, 사다리꼴의 넓이를 구하는 공식은 다음과 같다

$$(\text{사다리꼴의 넓이}) = \{(\text{윗변}) + (\text{아랫변})\} \times (\text{높이}) \times \frac{1}{2}$$

마름모의 넓이

사각형 중에는 마름모도 있다. 마름모는 평행사변형에 속하므로 평행사변형 넓이 공식을 이용해서 넓이를 구할 수 있다.

마름모의 두 대각선은 수직이다. 마름모의 대각선이 수직이라는 사실을 이용해서 넓이를 구하는 방법에 대해 알아보자.

먼저, 마름모를 둘러싼 사각형을 그려 보자. 마름모의 대각선들은 서로 수직이므로 마름모를 둘러싼 바깥 사각형은 직사각형이 된다.

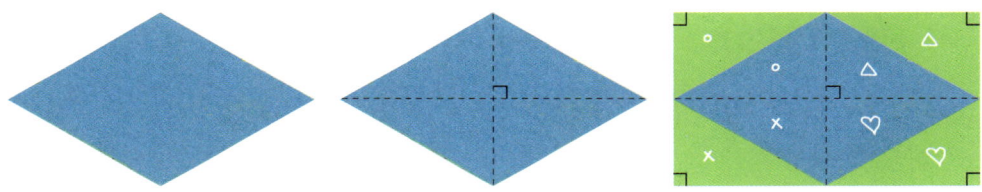

마름모를 둘러싼 바깥 직사각형의 가로와 세로는 각각 마름모의 두 대각선과 길이가 같다. 이 직사각형의 넓이를 구한 다음, 귀퉁이의 4개의 직각삼각형을 빼면 마름모의 넓이를 구할 수 있다. 그런데 귀퉁이의 직각삼각형들은 마름모를 대각선으로 잘랐을 때 만들어지는 직각삼각형들과 넓이가 같다.

따라서 마름모의 넓이는 바깥 직사각형 넓이의 $\frac{1}{2}$이다.

(마름모의 넓이) = (한 대각선의 길이) × (다른 대각선의 길이) × $\frac{1}{2}$

다각형의 넓이 구하기

지금까지 삼각형과 여러 가지 사각형들의 넓이를 알아보았다. 오각형이나 육각형 등도 앞에서 살펴본 삼각형과 사각형처럼 자르거나 서로 이어 붙여서 넓이를 구할 수 있다.

도형을 둘러싼 직사각형 이용하기

다음 삼각형 Ⓐ의 넓이를 구하려고 하는데, 밑변의 길이와 높이가 얼마인지 알 수 없다. 이런 경우에는 삼각형을 둘러싸는 직사각형을 그린다. 직사각형의 넓이를 구한 다음, 원래의 삼각형이 아닌 직각삼각형들의 넓이를 직사각형 넓이에서 뺀다.

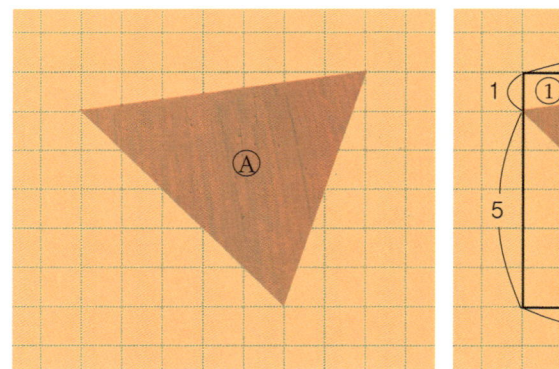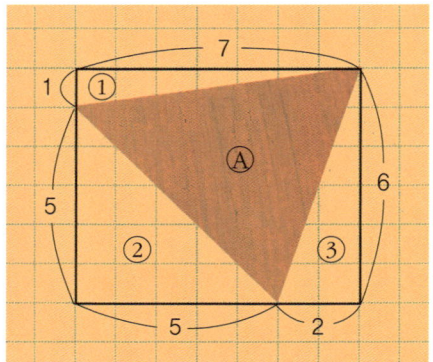

$$7 \times 6 - \left(\frac{7}{2} + \frac{25}{2} + \frac{12}{2}\right) = 42 - 22 = 20$$

직사각형 넓이 ← ① ② ③ → Ⓐ의 넓이

넓이를 구할 수 있는 다른 도형 이용하기

다음과 같은 사각형 Ⓑ의 넓이도 구할 수 있을까?

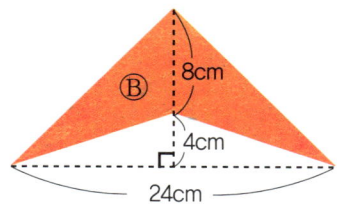

이 도형은 사각형이다. 원래 삼각형이었는데 그중의 일부를 삼각형 모양으로 떼어 낸 것으로 생각해서 처음의 큰 삼각형에서 작은 삼각형의 넓이를 빼면 이 사각형 Ⓑ의 넓이를 구할 수 있다.

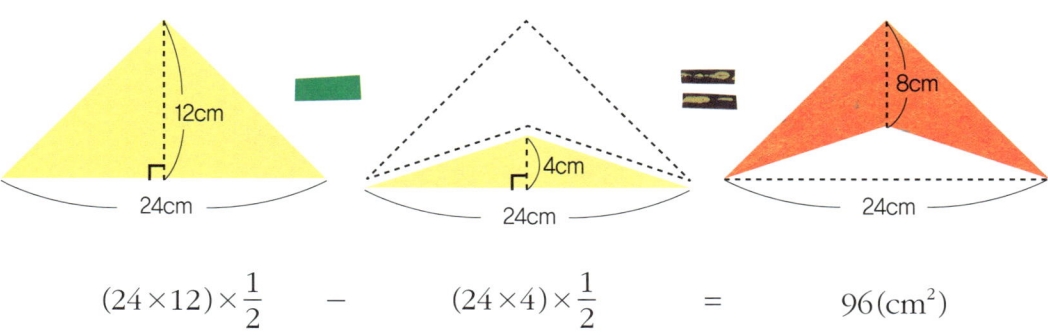

$$(24 \times 12) \times \frac{1}{2} \quad - \quad (24 \times 4) \times \frac{1}{2} \quad = \quad 96(\text{cm}^2)$$

이와 같은 방법으로 오각형의 넓이도 구할 수 있다.

다음 오각형 ⓒ의 넓이는 사다리꼴 넓이에서 아래의 삼각형 넓이를 빼면 된다.

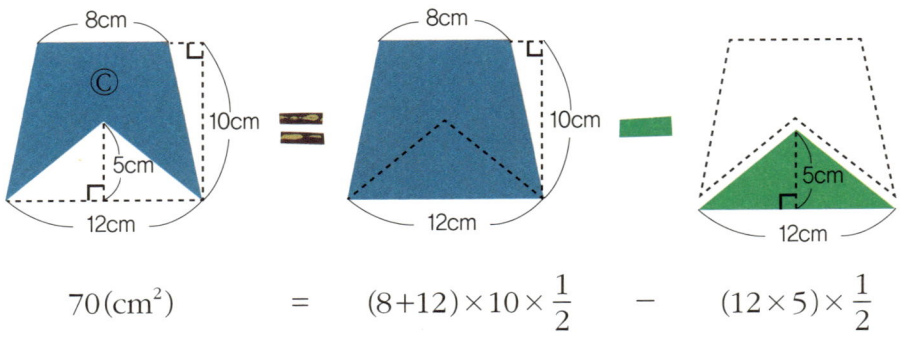

$$70(\text{cm}^2) = (8+12) \times 10 \times \frac{1}{2} - (12 \times 5) \times \frac{1}{2}$$

두 도형을 옮겨서 붙이기

다음과 같이 생긴 두 사다리꼴 넓이는 어떻게 구할까? 두 사다리꼴을 붙이면 하나의 사다리꼴이 된다는 사실을 이용한다.

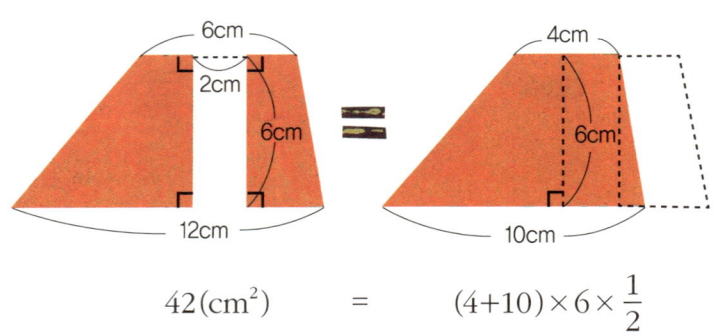

$$42(\text{cm}^2) = (4+10) \times 6 \times \frac{1}{2}$$

겹치는 부분 이용하기

다음에서 색칠한 도형의 넓이를 구하려면 '겹치는 부분'의 넓이를 이용하면 된다. 두 도형을 각각 따로 그리자. 겹치는 부분은 서로 넓이가 같다. 두 사각형의 밑변과 높이가 같으므로 넓이도 똑같이 각각 20cm²이다.

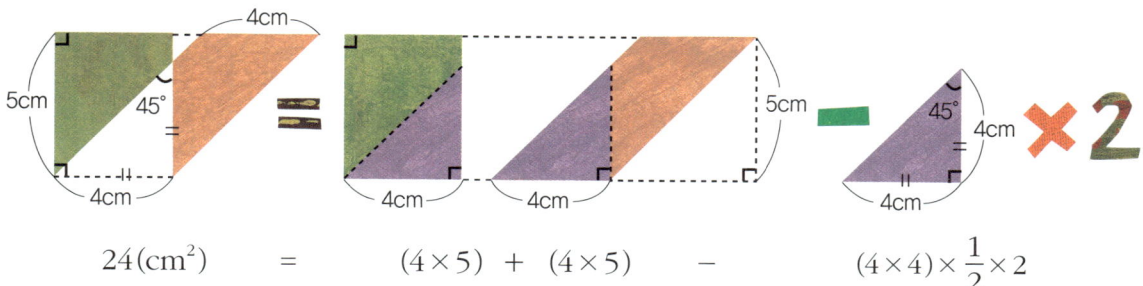

$$24(\text{cm}^2) \quad = \quad (4 \times 5) \quad + \quad (4 \times 5) \quad - \quad (4 \times 4) \times \frac{1}{2} \times 2$$

겹치는 부분이 직각이등변삼각형이고, 그 넓이는 $4\text{cm} \times 4\text{cm} \times \frac{1}{2}$를 계산한 8cm²이다. 색칠한 도형의 넓이는 두 사각형에서 겹치는 부분을 2번 뺀 것이므로 색칠한 도형의 넓이는 24cm²이다.

아래 두 삼각형의 넓이는 같을까, 다를까? 두 삼각형의 꼭짓점을 이은 직선은 밑변과 평행하므로 두 삼각형의 높이는 같다. 밑변과 높이가 같으므로 두 삼각형의 넓이는 같다.

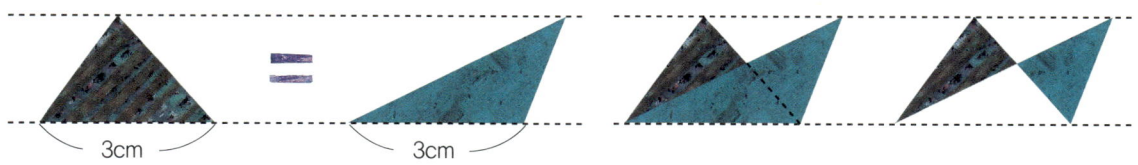

이 두 삼각형의 밑변을 같게 놓으면, 겹친 부분의 넓이는 같다. 따라서 겹쳐지지 않은 부분의 넓이도 똑같다.

이런 원리를 이용해서 다음 문제를 풀어 보자.

직사각형 모양의 종이를 다음과 같이 접었을 때 삼각형 ㄱㄴㅁ의 넓이는 얼마일까?

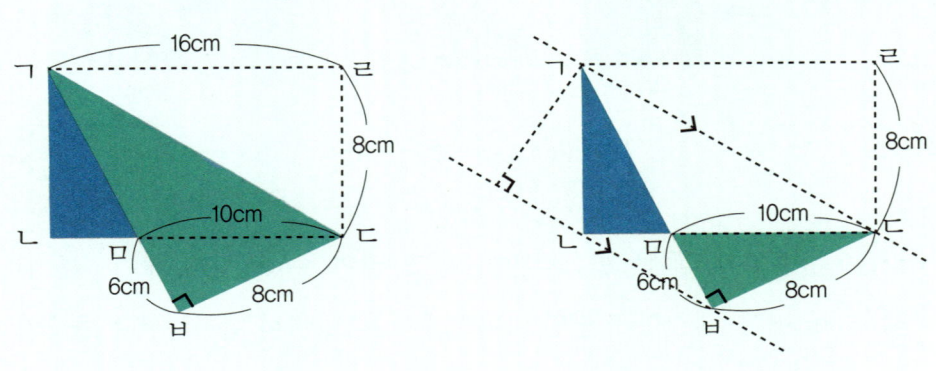

방법 1 삼각형 ㄱㄴㅁ과 삼각형 ㄷㅁㅂ이 서로 합동임을 이용하면, 삼각형 ㄱㄴㅁ의 넓이는 24(cm²)이다.

$$(\triangle ㄱㄴㅁ의 넓이) = (\triangle ㄷㅁㅂ의 넓이)$$
$$= 6 \times 8 \times \frac{1}{2} = 24 (cm^2)$$

방법 2 삼각형 ㄱㄴㄷ과 삼각형 ㄱㅂㄷ의 넓이가 같고 삼각형 ㄱㅁㄷ이 겹쳐 있음을 이용하면, 삼각형 ㄱㄴㅁ의 넓이는 24(cm²)이다.

$$(\triangle ㄱㄴㅁ의 넓이) = (\triangle ㄱㄴㄷ의 넓이) - (\triangle ㄱㅁㄷ의 넓이)$$
$$= 16 \times 8 \times \frac{1}{2} - 10 \times 8 \times \frac{1}{2} = 24(cm^2)$$

원

다각형이 아닌 원의 넓이는 어떻게 구할까?

원도 다음과 같은 방법으로 하면 직사각형으로 바꿀 수 있다.

1. 원을 여러 개의 부채꼴로 자른다.
2. 중심을 기준으로 펼친다.
3. 반원끼리 끼우면 직사각형 모양이 된다.

원을 잘라서 펼쳤기 때문에 완전한 직사각형이라고 볼 수는 없지만, 아주 잘게 자르면 직사각형이 된다. 이때 직사각형의 가로는 '원둘레의 $\frac{1}{2}$', 즉 '(반지름)×3.14'이고, 세로는 원의 '반지름'이다.

$$(원의 넓이) = (반지름) \times (반지름) \times 3.14$$

부채꼴의 넓이를 구하려면 부채꼴이 원의 일부임을 이용한다. 360°와 부채꼴의 중심각의 비를 이용해서 계산하면 된다.

예를 들어 부채꼴의 중심각이 60°라면, (원의 넓이)$\times \frac{60°}{360°}$를 계산한 것이 부채꼴의 넓이이다.

정사각형 1개에 들어오는 빛의 양은?

— 창의 융합 사고력 —

다음은 태양의 고도가 높을 때 기온이 높은 까닭을 알아보는 실험이다.

1. 모눈종이 위에 손전등을 수직으로 비춰 보고, 비스듬히 비춰 본다.
2. 이때 불빛이 비친 면의 가장자리에 연필로 선을 긋는다.
3. 선 안에 있는 사각형(○)의 개수와 선에 걸쳐 있는 사각형(△)의 개수를 센다. 선 안에 있는 사각형 1개는 1로, 선에 걸쳐 있는 사각형 1개는 $\frac{1}{2}$로 한다.

수직으로 비췄을 때나 비스듬히 비췄을 때나 손전등에서 나온 빛의 양은 똑같다. 손전등에서 나온 빛의 양을 100이라고 했을 때, 다음 2가지 경우 모눈종이에 있는 작은 정사각형 1개에 들어오는 빛의 양을 각각 구해 보자.

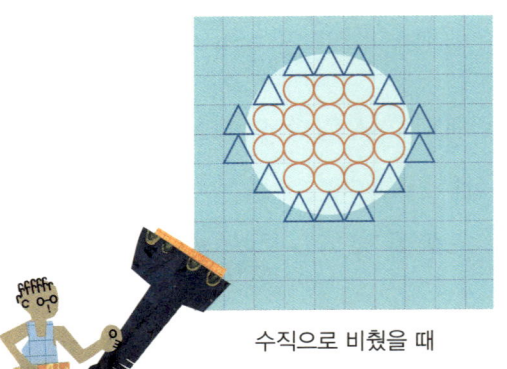
수직으로 비췄을 때

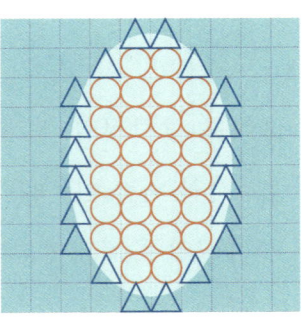
비스듬히 비췄을 때

톡톡 수학 게임
어느 쪽이 더 넓을까?

다음 그림과 같은 정사각형을 ㉮지역과 ㉯지역으로 나누었다. 어느 쪽의 면적이 더 넓을까?

역사 속 수학
케플러의 넓이 구하기

케플러

독일의 천문학자 케플러(Johannes Kepler, 1571~1630)는 코페르니쿠스의 태양 중심설을 세상이 받아들이게 하는 데 가장 큰 공헌을 한 사람이다. 독일의 작은 도시 바일에서 태어난 케플러는 성직자가 되려고 수도원 학교에 들어갔지만, 대학에서 코페르니쿠스의 《천구의 회전에 관하여》를 접한 뒤 천문학에 관심을 갖게 되어 천문학 교사가 되었다.

케플러는 스승 타코 브라헤(Tycho Brahe, 1546~1601)가 물려준 방대한 자료를 연구하면서 행성의 운동에 관한 유명한 법칙을 만들었다. 이것이 바로 '케플러의 법칙'이다.

첫 번째 법칙은 "행성은 태양을 초점으로 하는 타원 궤도를 그리며 운동한다."는 것이고, 두 번째 법칙은 "행성의 공전 궤도상에서 일정한 시간 동안에 휩쓸고 지나간 면적은 일정하다."는 것이다.

이 두 번째 법칙을 확인하기 위해서는 행성이 움직인 공간의 넓이를 구해야 했다. 곡선의 넓이를 구할 때 케플러가 사용한 아이디어는 다음과 같다.

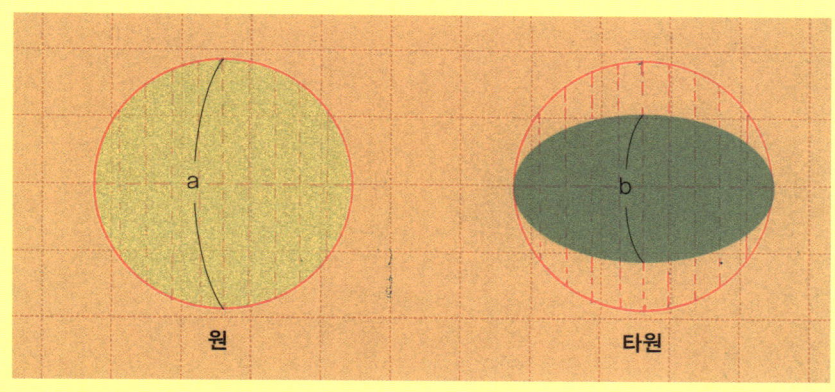

(원의 세로선):(타원의 세로선)=a:b

한 원에서 반지름의 길이는 일정하다. 또한 원에 지름에 수직인 수많은 세로선(현)이 있으며, 원의 넓이는 이 수많은 세로선의 길이의 합이라고 생각할 수 있다. 타원은 마치 원을 위에서 누른 것과 같다. 곧, 타원의 모든 세로 길이는 원의 세로선의 길이를 $\dfrac{b}{a}$로 축소한 것이다.

케플러는 이와 같은 수학적 원리를 천문학에 활용해서 행성이 지나가는 타원 모양의 넓이를 구할 수 있었다. 이 아이디어는 케플러가 처음 생각해 낸 것은 아니고, 이미 아르키메데스가 발견한 것이었다.

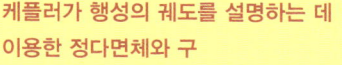

케플러가 행성의 궤도를 설명하는 데 이용한 정다면체와 구

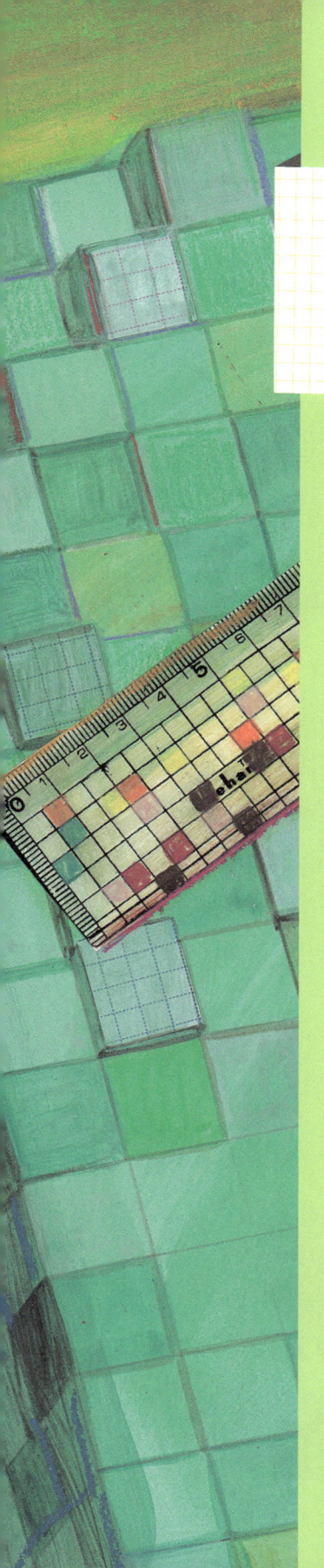

7 입체도형의 부피와 겉넓이

입체도형의 겉넓이는 입체도형의 겉을 둘러싼 평면 넓이를 말하고,

평면도형의 넓이 개념을 이용해서 겉넓이를 구할 수 있다.

입체도형의 부피는 입체도형을 이루는 단위 정육면체의 크기를 말한다.

따라서 용기 안쪽 공간의 크기는 들이라고 한다.

입체도형의 부피나 용기의 들이를 구하려면

그 안에 포함된 단위 정육면체가 얼마나 되는지를 구하면 된다.

초등 6-1	초등 6-2	중학 1-2
각기둥과 각뿔, 직육면체의 겉넓이와 부피	원기둥, 원뿔, 구	입체도형

스토리텔링 수학

양이 같을까, 다를까?

국을 끓이려고 주방에서 엄마가 커다란 무를 아주 얇게 썰고 계셨다.
 "엄마, 왜 그렇게 무를 얇게 썰어요?"
 "이렇게 썰어야 빨리 익지."
 "왜요? 어차피 똑같은 양인데 두껍게 썰어도 마찬가지 아니에요?"
 "양은 같지만 얇게 썰면 훨씬 빨리 익는단다."
 거실에서는 아빠가 벽돌 크기의 나무토막 하나에 물감을 칠하시려다 말고 이 나무토막을 주사위 모양의 작은 정육면체 여러 개로 잘라 내셨다.
 "생각보다 물감이 많이 필요하겠네. 규영아, 물감을 더 가져와라."
 "아빠, 왜요? 나무토막이 늘어난 것도 아닌데, 왜 물감이 더 필요해요?"
 규영이의 질문에 아빠는 이렇게 대답하셨다.
 "잘게 자르면 겉의 면적이 늘어났잖니."

방에서는 동생이 캐러멜을 하나씩 포장하고 있다.
"왜 하나씩 포장해?"
"내일 우리 반 아이들한테 1개씩 나누어 주려고."
"캐러멜 값보다 포장지 값이 더 들겠다!"
"그렇긴 해. 여러 개를 묶어서 싸면 포장지가 훨씬 덜 들 텐데……."

무를 깍둑썰기 했다면 무의 안쪽 부분이 표면으로 나오게 되므로 새로운 '겉'이 생긴다. 잘게 자르면 자를수록 새로 생기는 '겉'은 더 많아진다. 나무토막도 마찬가지이다. 전체를 잘게 잘라 냈다가 다시 이어 붙여도 전체 양이 늘거나 줄어든 것이 아니기 때문에 부피는 변함이 없지만, 겉넓이는 줄어든다. 캐러멜 여러 개를 하나씩 포장하는 것보다는 전체를 한꺼번에 포장하는 것이 포장지가 덜 든다. 포장해야 할 '겉'이 줄었기 때문이다.
이처럼 전체의 양(부피)에는 변화가 없더라도 겉넓이는 달라질 수 있다.

개념과 원리

부피와 겉넓이는 무엇일까?

부피 단위는 왜 정육면체일까?

부피란 어떤 입체가 공간에서 차지하는 크기이다.

길이의 단위는 길이가 1인 선분이고, 넓이의 단위는 한 변의 길이가 1인 정사각형이다. 부피의 단위는 가로, 세로, 높이가 모두 1인 정육면체이다. 왜냐하면 공간은 3차원이기 때문이다.

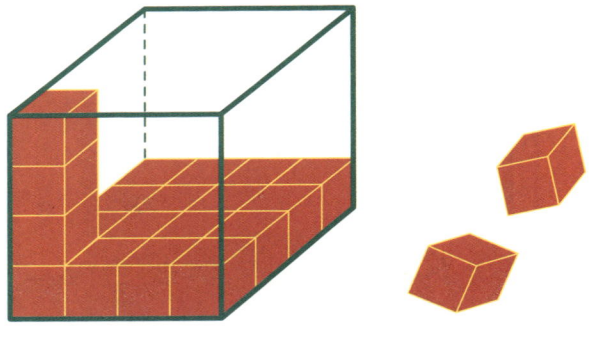

가로 12cm, 세로 16cm, 높이 8cm인 직육면체의 부피를 구해 보자. 이 입체를 같은 크기의 작은 입체 여러 개로 잘라서 세어 보면 부피를 쉽게 구할 수 있다. 이 직육면체를 정육면체 조각으로 잘라 내려면 세 모서리 12, 16, 8의 공약수를 알아야 한다. 이 세 수의 최대공약수는 4이므로 이 세 수의 공약수는 1, 2, 4이다. 따라서 이 직육면체를 작은 정육면체들로 잘라 내는 방법은 다음 3가지이고, 이때 나온 조각의 수는 다음과 같다. 잘라 낸 정육면체가 작으면 조각의 수는 많아지고 잘라 낸 정육면체의 크기가 크면 조각의 수는 적게 나온다.

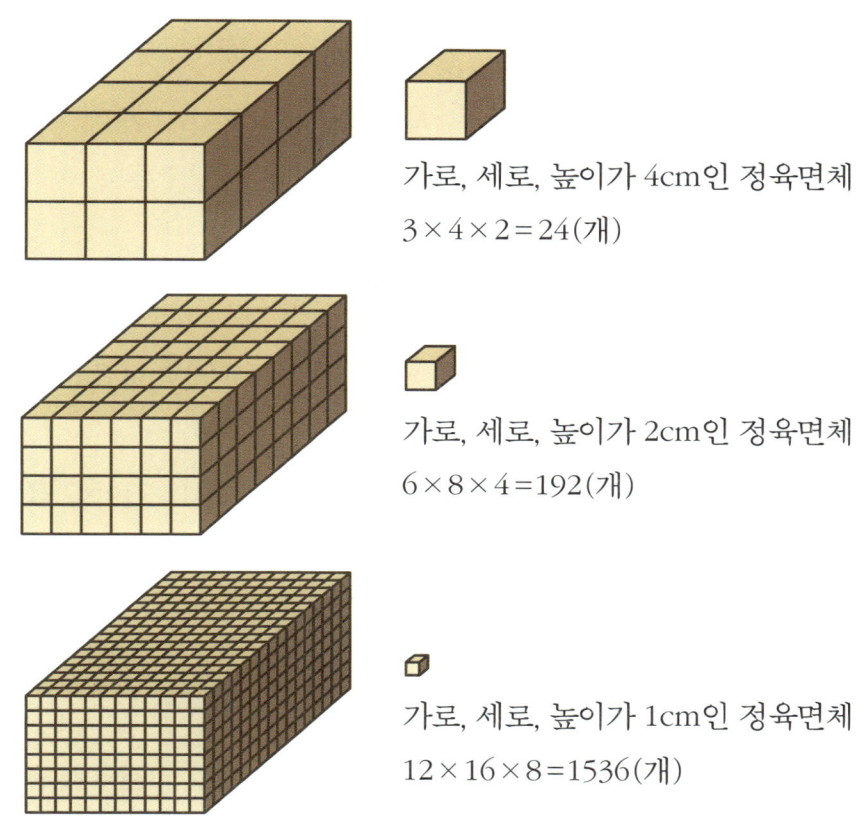

가로, 세로, 높이가 4cm인 정육면체
$3 \times 4 \times 2 = 24$(개)

가로, 세로, 높이가 2cm인 정육면체
$6 \times 8 \times 4 = 192$(개)

가로, 세로, 높이가 1cm인 정육면체
$12 \times 16 \times 8 = 1536$(개)

물론 이 3가지 방법 가운데 어느 것을 사용해도 좋다.
이처럼 세 모서리가 서로 1이 아닌 공약수를 가질 때도 있지만, 공약수가 1뿐일 때도 있다.

이번에는 가로 6cm, 세로 15cm, 높이 8cm인 직육면체의 부피를 구해 보자. 마찬가지로 6, 15, 8의 최대공약수를 구하면 된다. 그런데 6, 15, 8의 최대공약수는 1뿐이므로 이 직육면체를 정육면체로 잘라 내는 방법은 한 모서리의 길이가 1인 정육면체로 잘라 내는 방법 1가지밖에 없다.

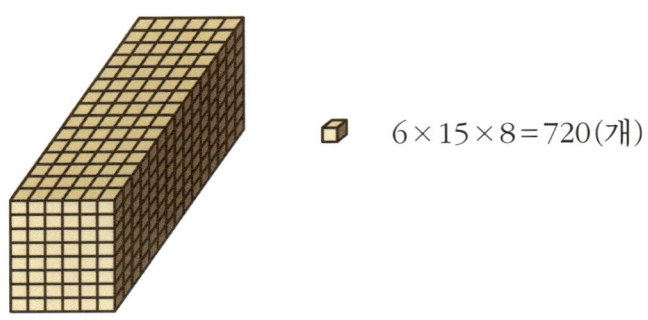

$6 \times 15 \times 8 = 720$(개)

이때 720은 결국 '가로(6)×세로(15)×높이(8)'와 같은데, 이 정육면체의 세 모서리의 길이가 모두 1이기 때문이다.

한 변의 길이가 1인 정육면체를 단위로 한다면 세 변의 길이를 곱하기만 하면 되므로 입체의 부피를 구하기가 편리하다.

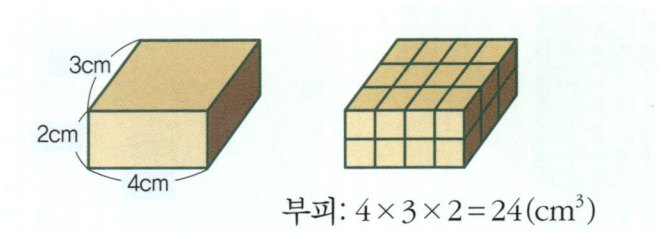

부피: $4 \times 3 \times 2 = 24 (cm^3)$

물론, 직육면체뿐 아니라 다른 다면체들도 한 모서리가 1인 단위 정육면체로 잘라 내어 그 수를 세는 방법으로 부피를 구할 수 있다.

여러 가지 입체도형의 부피

한지처럼 아주 얇은 종이도 높이 쌓아 놓으면 기둥이 된다. 또 만두를 빚을 때, 만두 속을 싸는 만두피도 여러 장을 쌓아 놓으면 결국 원기둥이 된다.

각기둥이나 원기둥의 부피를 구할 때, 이처럼 밑면을 이루는 도형을 그 높이만큼 쌓았다고 보고 밑면의 넓이에다 높이를 곱한다.

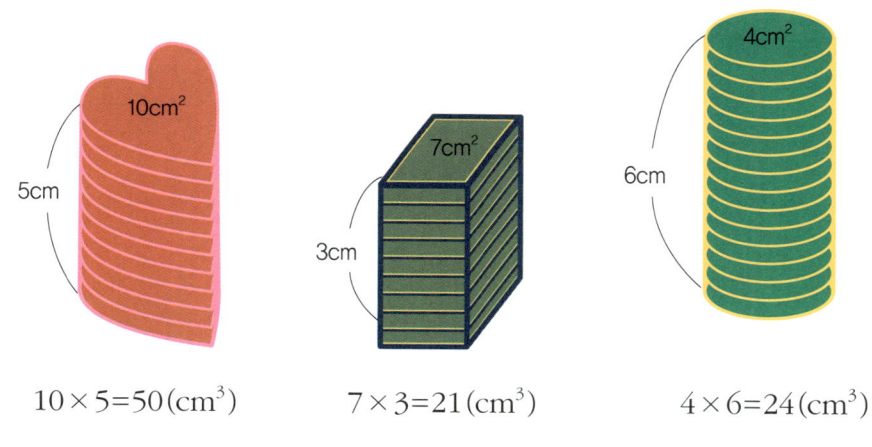

$10 \times 5 = 50 (cm^3)$ $\quad$ $7 \times 3 = 21 (cm^3)$ $\quad$ $4 \times 6 = 24 (cm^3)$

(기둥의 부피) = (한 밑면의 넓이) × (높이)

각뿔이나 원뿔의 부피는 기둥 부피의 $\frac{1}{3}$이다.

밑면과 높이가 같은 기둥과 뿔의 부피를 비교하면 기둥의 부피가 뿔의 부피의 3배이기 때문이다.

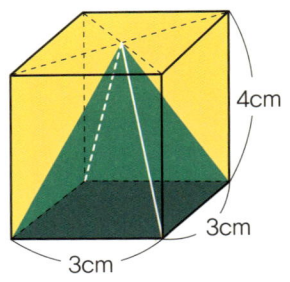 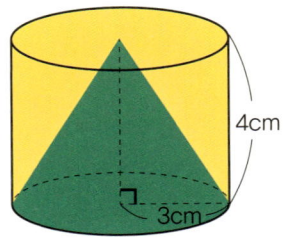

$$3 \times 3 \times 4 \times \frac{1}{3} = 12 (cm^3) \qquad 3 \times 3 \times 3.14 \times \frac{1}{3} = 9.42 (cm^3)$$

(뿔의 부피) = (기둥의 한 밑면의 넓이) × (높이) × $\frac{1}{3}$

들이와 부피

흐르는 액체의 크기를 어떻게 알아낼 수 있을까? 두부 같은 고체는 일정한 크기로 잘라 부피를 구할 수 있지만, 물이나 가루는 두부처럼 부피를 구할 수 없다. 이럴 때는 그릇에 담으면 된다. 그릇에 담을 수 있는 양이 얼마냐에 따라 그 안에 들어가는 액체나 가루의 양을 알 수 있기 때문이다.

그릇에 들어가는 양, 즉 그릇 안쪽 공간의 크기(안쪽 부피)를 들이라고 한다. 무엇을 그릇에 담을 때 알아야 할 것은 그 그릇 자체의 크기가 아니라 그릇이 담을 수 있는 양이다.

들이라는 말은 어떤 그릇에 담을 수 있는 최대의 양을 말한다. 따라서 '1L짜리 페트병'이라고 할 때는 이 페트병 자체의 부피가 1L라는 것이 아니라, 그 병 안에 담을 수 있는 양이 1L이다. 만약 들이가 10mL인 용기에 젤리 원액을 가득 담아 굳혔다면, 이 용기에서 떼어 낸 젤리의 부피는 10mL이다.

들이의 단위는 원래 순수한 물의 질량을 기준으로 정해졌기 때문에 물 1g을 1mL라고 한다. 따라서 물 1mL는 1g의 질량을 가지며 1cm³의 부피와 같다. 우리가 보통 사서 마시는 우유는 200mL, 500mL, 1000mL 등의 들이 단위를 쓰는데, 여기에서 1mL는 가로, 세로, 높이가 1cm인 정육면체의 1cm³에 해당하는 양이다.

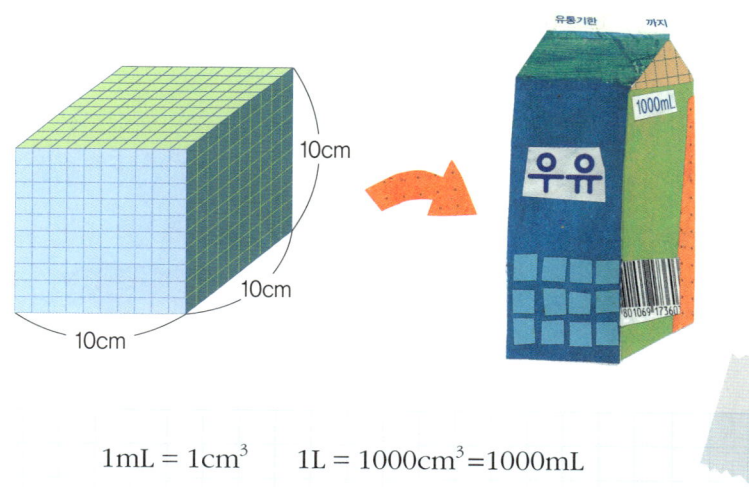

1mL = 1cm³   1L = 1000cm³ = 1000mL

1000mL는 1L와 같다. 1L는 가로, 세로, 높이가 10cm인 정육면체의 부피 1000cm³에 해당한다. 1000cm³는 1cm³의 1000배에 해당하는 양이므로 1L는 한 변이 10cm인 정육면체의 부피이다.

요리를 할 때는 cc를 자주 사용한다. cc는 한 모서리의 길이가 1cm인 정육면체의 부피이므로, 1cc는 1mL와 같다.

겉넓이와 부피

겉넓이는 입체도형을 이루고 있는 모든 면의 넓이를 합한 것을 말한다. 입체도형의 겉넓이를 구하려면 그 도형을 펼치면 된다.

기둥의 겉넓이

전개도를 이용해서 겉넓이를 구한다.

종이로 만든 기둥을 펼치면 밑면 2개와 옆면이 나온다. 따라서 기둥의 겉넓이는 이 넓이를 합한 것이다. 기둥의 옆면을 펼치면 직사각형이 되는데 이 직사각형의 가로는 밑면의 둘레가 되고, 직사각형의 세로는 기둥의 높이가 된다.

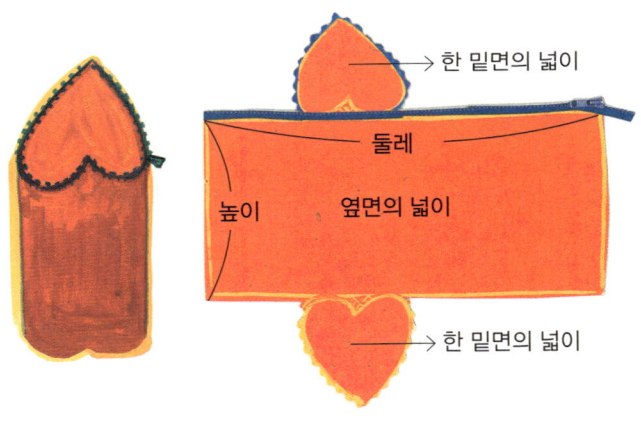

옆면(직사각형)의 가로=밑면의 둘레
옆면(직사각형)의 세로=기둥의 높이

(기둥의 겉넓이) = (한 밑면의 넓이)×2+(옆면의 넓이)

각기둥의 옆넓이를 구할 때, 옆면을 이루는 여러 개의 직사각형 넓이를 각각 따로 구한 다음 모두 더할 수도 있고, 전체를 이어서 하나의 직사각형으로 하여 넓이를 구할 수도 있다. 다음 직육면체의 겉넓이를 구해 보자.

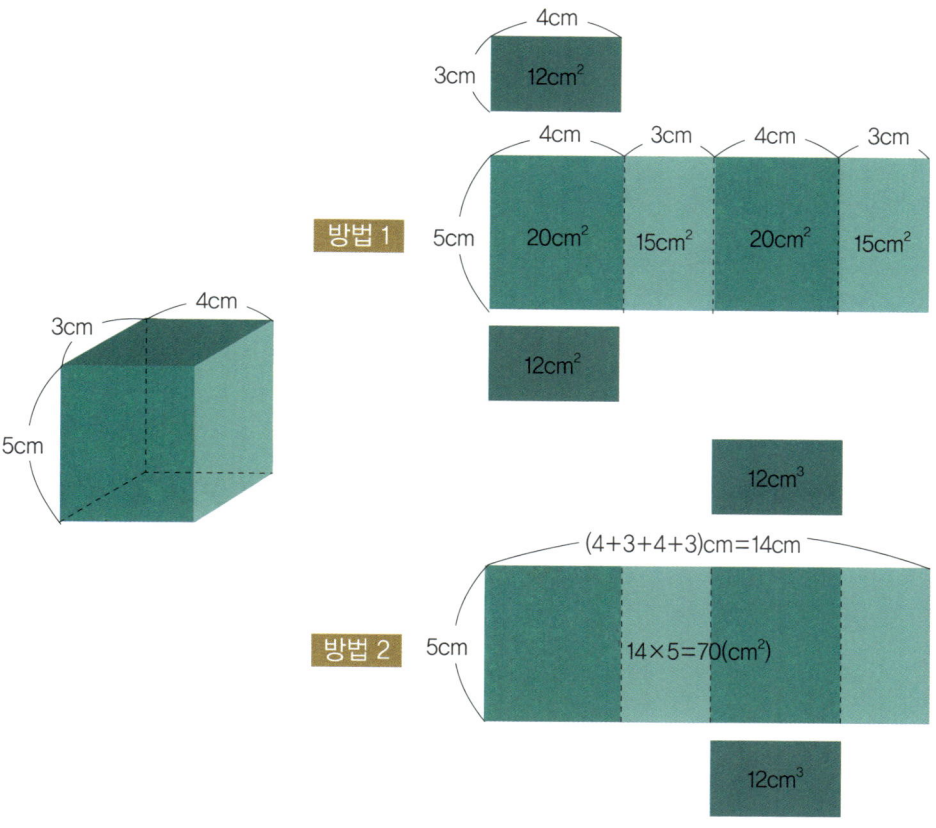

옆넓이: $20\text{cm}^2 + 15\text{cm}^2 + 20\text{cm}^2 + 15\text{cm}^2 = 70\text{cm}^2$
또는 $(4+3+4+3)\text{cm} \times 5\text{cm} = 70\text{cm}^2$
밑넓이: $12\text{cm}^2 + 12\text{cm}^2 = 24\text{cm}^2$
→ 겉넓이: $70\text{cm}^2 + 24\text{cm}^2 = 94\text{cm}^2$

원기둥을 펼쳐서 겉넓이를 구해 보자.

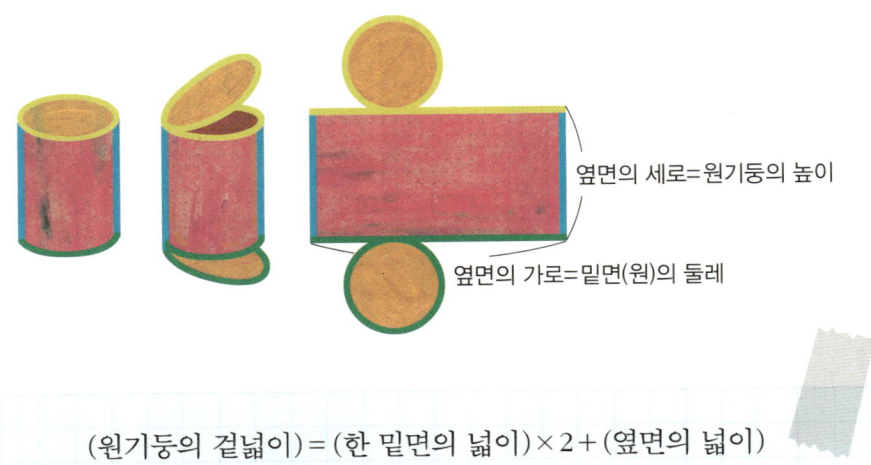

(원기둥의 겉넓이) = (한 밑면의 넓이) × 2 + (옆면의 넓이)

각뿔의 겉넓이

각뿔은 각기둥과 달리 밑면이 1개이고, 옆면을 펼친 모양이 직사각형이 아니다. 옆면의 넓이를 구할 때는 옆면을 이루는 도형 각각의 넓이를 구해서 더한다.

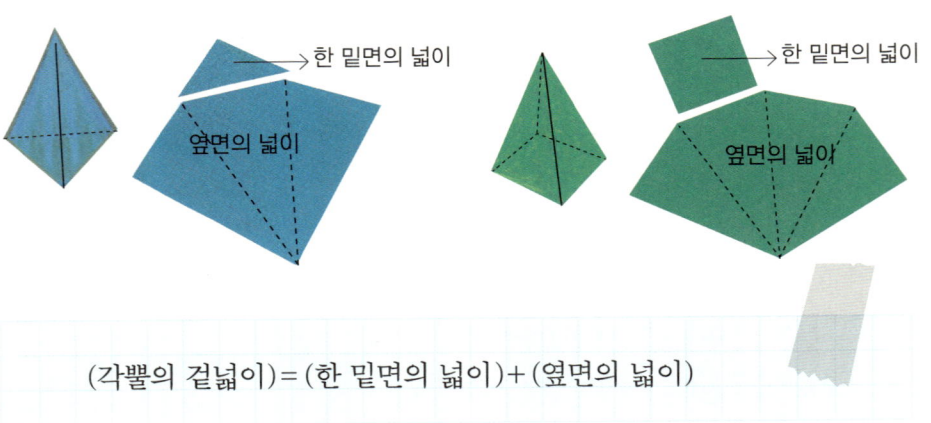

(각뿔의 겉넓이) = (한 밑면의 넓이) + (옆면의 넓이)

창의 융합 사고력
태양의 부피는 지구 부피의 몇 배일까?

태양과 지구가 완전한 구는 아니지만, 비슷하게 서로 닮은 도형이라고 하자. 두 도형의 닮음비가 $a:b$라면 넓이의 비는 $a^2:b^2$이고, 부피의 비는 $a^3:b^3$이다. 다음 설명이 적절한지 아닌지, 닮음비, 넓이의 비, 부피의 비의 관계에 비춰 설명해 보자.

> 태양의 실제 지름은 139만 km로, 지구 지름의 109배나 됩니다. 그러므로 태양의 겉면적은 지구의 1만 2000배, 부피는 지구의 130만 배나 됩니다.

역사 속 수학
갈릴레이와 카발리에리

갈릴레이가 발명한 컴퍼스

갈릴레이(Galileo Galilei, 1564~1642)는 독특한 컴퍼스를 발명했다. 이 컴퍼스는 지금 우리가 사용하는 컴퍼스와 달리 양 다리에 눈금이 적혀 있어서, 선분의 길이를 모를 때나 계산하기 힘들 때도 선분을 똑같이 나눌 수 있으므로 큰 인기를 끌었다.

길이를 모르는 어떤 선분을 5등분 해 보자. 먼저 컴퍼스의 양 다리에 있는 눈금 가운데 5의 배수가 되는 눈금, 예를 들어 10과 이 선분이 만나게 한다. 그리고 눈금의 수를 5로 나누었을 때 나오는 수(10÷5=2)의 눈금을 양쪽 다리에서 찾아 서로 이으면 이 길이가 바로 원래 선분의 $\frac{1}{5}$이다. 이런 식으로 몇 등분이든 할 수 있다.

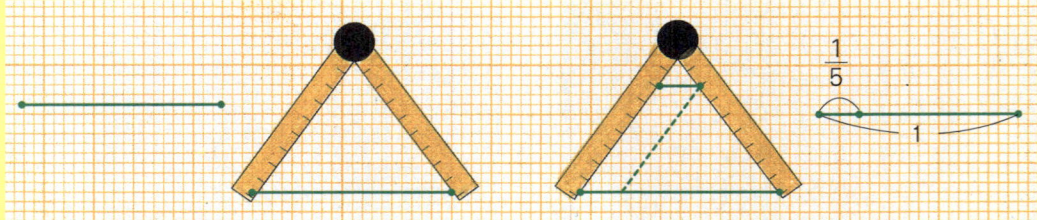

갈릴레이의 제자 카발리에리(Bonaventura Cavalieri, 1598~1647)는 부피와 넓이를 구하는 방법에 관한 '카발리에리의 원리'로 유명하다. 그 내

용은 "높이가 같은 두 입체를 밑면에 평행하고 밑면에서 같은 거리에 있는 평면으로 잘랐을 때 두 단면의 넓이 사이에 일정한 비가 성립한다면, 그 비는 두 입체의 부피에도 성립한다."는 것인데, 이 원리를 따르면 구의 부피도 구할 수 있다.

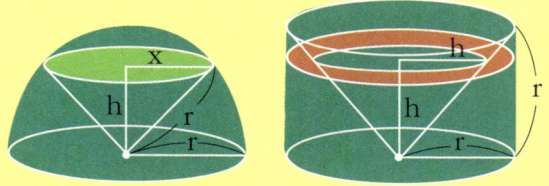

그림에서 왼쪽은 구의 $\frac{1}{2}$인 '반구'이다. 오른쪽은 밑 원의 반지름과 높이가 같은 원기둥에서 원뿔 모양을 뺀 것인데, 마치 연필 깎기에서 연필이 들어가는 구멍과 비슷한 모양이다. 두 입체를 가로로 평행한 평면으로 자르면 왼쪽은 원 모양, 오른쪽은 구멍 뚫린 반지 모양이 나온다. 원의 넓이 구하는 공식과 피타고라스의 정리를 사용해서 계산하면 이 두 평면의 넓이가 같으므로 두 입체의 부피도 같다.

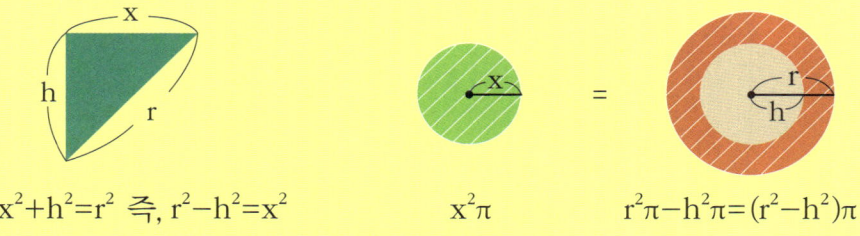

$x^2+h^2=r^2$ 즉, $r^2-h^2=x^2$ $x^2\pi$ $r^2\pi-h^2\pi=(r^2-h^2)\pi$

원기둥의 부피에서 원뿔의 부피(원기둥의 부피$\times\frac{1}{3}$)를 빼면 오른쪽 도형의 부피(원기둥의 부피$\times\frac{2}{3}$)가 나오는데, 그것이 바로 왼쪽 도형인 반구의 부피이고 이것을 2배 하면 구의 부피가 된다.

8 방정식

숫자와 기호를 사용해서 나타낸 것을 '식'이라고 한다.

2+3도 식이고, 2+3=5도 식이다.

등호가 사용된 식을 '등식'이라고 한다.

2+3은 식이지만 등식은 아니고, 2+3=5는 등식이다.

등식 중에서 아직 모르는 '어떤 수'를 ■나 x로 나타낸 식이 있다.

예를 들어 ■+3=5, x+7=11 등이 그것이다.

■+3=5에서 만약 ■가 2라면 참이고, ■가 3이면 거짓이다.

x+7=11에서 x가 4라면 참이지만, x가 5라면 거짓이다.

■나 x에 어떤 특정한 수를 대입할 때에만 참인 등식을 '방정식'이라고 한다.

중학 1-1	중학 2-1
문자와 식	부등식

스토리텔링 수학

'어떤' 버스를 탔냐고?

오늘은 사생 대회가 있는 날이다. 서둘러 자기 반을 찾아가던 준서의 어깨를 툭 치며 형우가 다짜고짜 말했다.

"야, 김준서. 너 뭐 타고 왔냐?"

"마을버스."

"그래? 나도 마을버스 타고 왔는데?"

형우와 준서가 수다를 떨며 걸어가고 있는데, 바로 옆으로 재욱이가 지나갔다. 이때 형우가 똑같은 질문을 재욱이한테 던졌다.

"심재욱, 너는 여기까지 뭐 타고 왔냐?"

재욱이는 별걸 다 묻는다는 표정으로 심드렁하게 대답했다.

"마을버스 타고 왔지."

"어? 이상하다? 나도 마을버스 타고 왔는데, 너를 왜 못 봤지?"

알고 보니 세 사람이 타고 온 버스는 모두 달랐다. 형우는 3번, 재욱이는 2번, 준서는 1번이었다. 형우가 투덜거리면서 말했다.

"에이, 같은 버스 탔으면 좋았을 텐데……. 나 아까 돈이 모자라서 기사 아저씨한테 혼났잖아. 마을버스 요금이 언제 그렇게 오른 거야?"

자리에 앉은 형우가 가방에서 미술 도구를 꺼내다 말고 중얼거렸다.

"만약 시험에 '형우가 어떤 마을버스를 타고 사생 대회에 갔습니다. 다음 중에서 형우가 타고 간 마을버스는 무엇일까요?'라는 문제가 나왔다면 정답은 3번이겠네? 그리고 '사생 대회에 간 형우가 어떤 풍경화를 그렸습니다. 다음 중에서 형우가 그린 풍경화를 고르세요.'라는 문제가 나오면 내 그림이 정답일 거고……."

"그래서?"

"버스는 버스이지만 정답 버스는 따로 있고, 풍경화는 풍경화이지만 정답 그림은 따로 있을 수도 있다는 게 신기하지 않냐?"

아이들은 별 싱거운 소리를 다한다는 표정을 짓더니 곧 그림 그리기에 몰두했다.

형우의 생각은 "어떤 수가 있습니다."라고 할 때, '어떤 수'를 ■로 나타내는 것과 마찬가지로 어떤 버스, 어떤 풍경화도 ■로 나타낼 수 있다는 것이었다.

개념과 원리
방정식이란 무엇일까?

■의 의미

수학에서는 ■를 사용하는 일이 많다. ■에는 크게 3가지 의미가 담겨 있는데 첫째는 빈자리이고, 둘째는 미지수, 셋째는 변수이다.

빈자리

아직 모르는 수이지만 그 수가 어떤 수인지 구하고 싶을 때, 우리는 그 수를 네모로 나타낸다. 예를 들어 '2에다 어떤 수를 더했더니 10이 되었습니다. 어떤 수는 얼마입니까?'라는 문제를 네모(■)를 써서 식으로 나타내면 다음과 같다.

$$2 + ■ = 10$$

네모 안에 들어갈 수 있는 수는 이미 정해져 있지만 처음에 우리는 그 수를 모른다. 이런저런 수를 넣어 보고 나서야 네모가 사실은 8이었음을 나중에 알게 된다.

네모가 빈자리의 의미로 사용되는 경우는 여러 가지가 있다.

보기와 같이 빈 곳에 알맞은 숫자 카드를 찾아 그 수를 써 넣으시오.

이 경우에도 빈자리에 아무 수나 들어갈 수는 없다. 처음에는 그 자리에 어떤 수가 들어가야 할지 모르지만 문제를 다 풀고 나면 그 자리에 꼭 들어가야 하는 수가 어떤 수인지 밝혀진다.

미지수

다음 ■ 안에 들어가는 수가 얼마인지 생각해 보자.

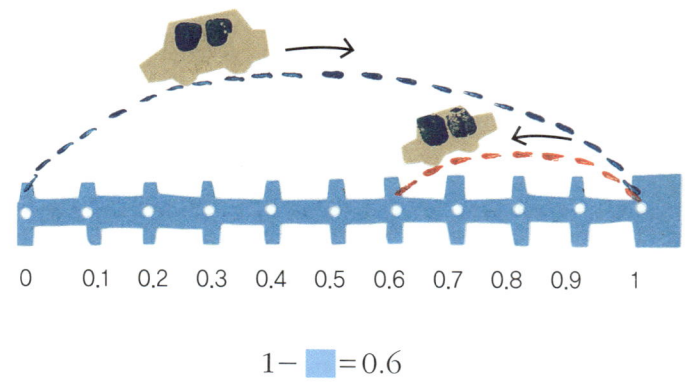

$1 - \blacksquare = 0.6$

네모에는 0.4가 들어가야 참이 된다.

이처럼 네모가 미지수를 뜻할 때 '네모 안에 들어가는 수가 무엇인지 구하는 것'을 '방정식을 푼다'고 한다.

변수

네모는 어떤 관계가 항상 성립하는 공식에서의 기호이다. 예를 들면, 다음 표에서 ■와 ▲는 특별한 관계에 있다.

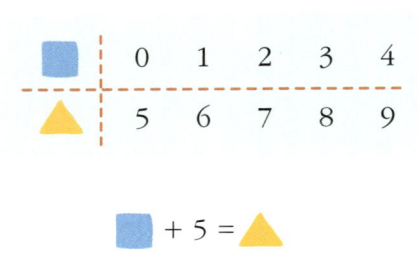

네모가 어떤 수를 대신하는 '변수'로 쓰일 때, 네모 안에 들어가는 수는 정해져 있지 않다.

위의 표에서처럼 ■는 0이 될 수도 있고, 1이 될 수도 있으며, 2가 될 수도 있다. 또 4가 될 수도 있을 뿐만 아니라 여러 가지 수가 될 수 있다. ▲도 여러 가지 수가 될 수 있다.

다시 말해서 ■와 ▲는 변하는 수를 나타내는 기호이다.

중학교에 올라가면 네모나 세모 대신 문자를 써서 '$x+5=y$'라고 나타낸다.

등호란 무엇일까?

누군가에게 자신의 의견을 말할 때 횡설수설하면 상대방이 알아듣기 힘들다. 식을 쓰는 것도 다른 사람들에게 설명을 하는 것과 같다. 따라서 숫자나 기호를 정확히 사용해야 식만 보고도 그 식의 의미를 알 수 있다. 수학 기호 중에서 +, −, ×, ÷과 더불어 자주 쓰이는 것이 등호, 즉 '='이다. 등호의 뜻에는 2가지 의미가 담겨 있다. 첫째는 어떤 계산의 결과이고, 둘째는 양변이 서로 같음이다.

계산 결과

다음 문제들에서 등호는 어떤 계산의 결과를 보여 준다.

음악 시간에 하이든 음악을 2분 35초 동안 감상하고, 모차르트 음악을 3분 45초 동안 감상했습니다. 음악을 감상한 시간은 모두 얼마입니까?

2분 35초 + 3분 45초 = ■

한울이가 강아지를 안고 저울에 올라가면 무게가 34kg 700g이고, 한울이만 올라가면 32kg 500g입니다. 강아지의 무게는 얼마입니까?

34kg 700g − 32kg 500g = ■

성은이네 학교에서는 어린이날에 400원짜리 공책을 전교생 2000명에게 1권씩 나눠 주려고 합니다. 공책 값은 모두 얼마입니까?

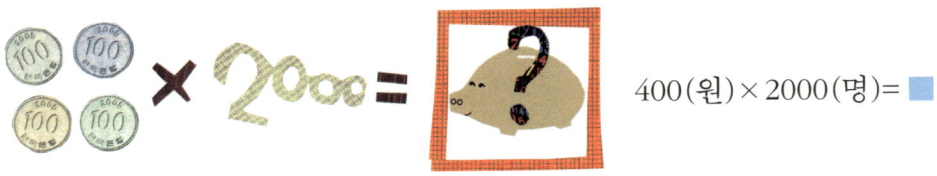

400(원) × 2000(명) = ■

길이가 600cm 되는 테이프를 한 도막이 75cm 되게 잘랐습니다. 75cm짜리 도막은 몇 개 생깁니까? 또 남은 테이프의 길이는 얼마입니까?

600(cm) ÷ 75(cm) = ■

양변이 서로 같음

등호는 계산한 결과가 얼마라는 것뿐 아니라 양변이 '서로 같음'을 나타내는 기호이다.

$$24 \div 8 + \{(\blacksquare \times 2 - 3) + 4\} = 14$$
$$\rightarrow \quad 3 + \{(\blacksquare \times 2 - 3) + 4\} = 14$$
$$\rightarrow \quad \{(\blacksquare \times 2 - 3) + 4\} = 11$$
$$\rightarrow \quad (\blacksquare \times 2 - 3) = 7$$
$$\rightarrow \quad \blacksquare \times 2 = 10$$
$$\rightarrow \quad \blacksquare = 5$$

등호가 양변이 서로 같음을 뜻한다는 것을 알았다면 다음과 같은 문장제 문제를 읽고 식을 세울 수 있다. 문장제 문제를 식으로 나타내는 과정을 화살표로 나타냈다.

문제 1 엄마의 나이는 36세이고, 나의 나이는 10세이다. 엄마의 나이와 나의 나이 사이의 관계를 말해 보자.

→ 엄마의 나이는 나의 나이보다 26세가 많다.
→ (엄마의 나이) = (나의 나이) + 26
→ $\blacksquare = \blacktriangle + 26$ (엄마의 나이: $\blacksquare$, 나의 나이: $\blacktriangle$)
→ $y = x + 26$ (엄마의 나이: y, 나의 나이: x)

더 나아가 '엄마의 나이가 60세라면 나의 나이는 몇 살인가?'라는 문제도 풀 수 있다.

$$60 = \boxed{나의\ 나이} + 26$$
$$60 = \boxed{34} + 26$$

따라서 나의 나이는 34세이다.

문제 2 삼각형의 넓이는 밑변의 길이와 높이의 곱의 반이다. 이때 삼각형의 넓이가 20㎠이라 하고 높이가 8㎝라면, 밑변의 길이는 얼마인가?

→ (삼각형의 넓이) = (밑변의 길이) × (높이) × $\frac{1}{2}$

→ $S = a \times b \times \frac{1}{2}$

(삼각형의 넓이: S, 밑변의 길이: a, 높이: b)

$20 = $ (밑변의 길이) $\times 8 \times \frac{1}{2}$
$20 = $ (밑변의 길이) $\times 4$
$20 = \boxed{} \times 4$

따라서 밑변의 길이는 5㎝이다.

문제 3 어떤 수는 다른 어떤 수의 5배이다.
→ 어떤 수는 다른 어떤 수의 5배와 같다.
→ 어떤 수 = 다른 어떤 수 × 5
→ ■ = ▲ × 5 (어떤 수: ■, 다른 어떤 수: ▲)

이때 '아버지의 몸무게는 현수 몸무게의 2배이다. 현수의 몸무게가 38 kg 이라면 아버지의 몸무게는 얼마인가?'라는 문제를 풀 수 있다.

(아빠의 몸무게) = (현수 몸무게) × 2
(아빠의 몸무게) = 38 × 2
■ = 38 × 2

따라서 아버지의 몸무게는 76 kg이다.

양변이 서로 같지 않을 때는 부등호를 사용하기도 한다. '5는 4와 같지 않고, 5가 4보다 더 크다.'의 경우에는 다음과 같이 나타낸다.

$5 \neq 4$, $5 > 4$

부등호 기호는 양변 중에서 더 큰 쪽을 향해 벌린 모양을 하고 있다. 부등호에는 $>$, $<$, $\geq$, $\leq$ 등이 있다.

창의 융합 사고력
책꽂이의 높이는 얼마일까?

민규는 형과 함께 책꽂이를 만들려고 한다. 민규네 집에 있는 나무판의 크기는 700mm(가로폭)×200mm(세로폭)×10mm(두께)이다. 민규와 형은 이 판을 거의 다 사용해서 ㄷ자 모양의 선반을 만들고 싶다. 높이가 가로 길이보다 100mm 더 짧게 하고 싶다면, 높이는 얼마가 될까?

톡톡 수학 게임

24를 만들어라

수학 기호는 얼마든지 쓰고 숫자 하나를 3번만 써서 24를 만들어라. 몇 가지의 경우를 만들 수 있을까?

> 역사 속 수학
기호를 만든 사람들

"2에 어떤 수를 더하고, 그것을 10배 했더니 100이 되었다. 어떤 수를 구하라."는 문제는 다음과 같이 식을 세워서 쉽게 풀 수 있다.

$$(2+x) \times 10 = 100$$

그러나 x, +, ×, = 등과 같은 기호가 없다면 과연 답을 쉽게 구할 수 있을까?

그리스의 수학자 디오판토스(Diophantos, 246?~330?)는 수학식에 기호를 처음 사용한 사람이다. 하지만 디오판토스 이후 16세기까지 수학에서 기호의 사용은 큰 진전을 이루지 못했다. 그러다가 16세기 후반 프랑스 수학자 비에트(François Viète, 1540~1603)가 등장하면서 수학의 기호화는 크게 발전하기 시작했다.

그는 수식에 간단한 알파벳을 사용하고, 숫자 계수까지 문자화했으며, 같은 문자의 거듭제곱을 같은 기호를 사용해서 나타냈다. 비에트 이후로도 많은 수학자가 더욱 편리한 기호를 개발하기 위해 노력했다. 기호는 한 사람이 창조한 것보다는 여러 사람을 거쳐 변형된 경우가 더 많다. 다음은 우리가 자연스럽게 쓰고 있는 몇몇 기호에 대해 알아본 것이다.

+ −	1489년 독일의 수학자 비트만이 쓴 산술 책에서 처음 사용됐다. 이 책에서 덧셈과 뺄셈 기호는 '과잉'과 '부족'이라는 뜻으로 쓰였고, 1514년 네덜란드의 수학자 호이케가 처음 덧셈, 뺄셈의 기호로 썼다.
×	1631년 영국의 수학자 오트레드가 《수학의 열쇠》라는 책에서 처음 사용했다. 스코틀랜드 국기의 십자 모양에서 나왔다고 한다.
÷	10세기경부터 쓰였는데, 나눗셈을 분수로 표시했을 때의 모양에서 나왔다고 한다. 1659년 스위스의 수학자 란의 수학 책에 등장한 이후 널리 쓰였다.
=	1557년 영국의 수학자 레코드가 《지혜의 숫돌》이라는 책에서 처음 사용했다. "세상에서 2개의 평행선만큼 같은 것은 없다."는 의미에서 이런 모양이 나왔다고 한다.
< >	1631년 영국의 수학자 해리어트가 처음 사용했으며, =와 결합해서 ≦, ≧ 등과 같이 사용하기도 한다.

9 대응

지하철 요금, 택시비, 항공기 운임 같은 교통비는 이용하는 거리에 따라서 정해진다. 예를 들어 서울에서 KTX 열차를 타고 부산에 가려면 대전에 갈 때보다 요금을 더 많이 내야 한다. 거리가 정해지면 그것에 대응해서 운임이 결정되는 것이다. 이때 두 변수 x와 y 사이에 대응 관계가 성립한다고 한다.

초등 1-2	초등 2-2	초등 5-2	중학 1-1
규칙 찾기	규칙 찾기	규칙과 대응	함수

스토리텔링 수학

세희의 마니또는 누구일까?

'나의 마니또는 누구일까?'

오늘은 마니또를 발표하는 날이다.

세희네 반에서는 한 달 전에 마니또 놀이를 하기로 했는데 남학생들의 마니또는 여학생이, 여학생의 마니또는 남학생이 되어야 한다는 원칙을 정했다. 여학생보다 남학생 수가 1명 더 적어서 선생님이 대신 하신다. 다행히 세희네 담임 선생님은 남자 선생님이다.

어느 날 세희는 책상에 놓인 초콜릿을 보고 짝꿍 현우에게 물었다.

"어? 이거 네가 갖다 놓은 거니?"

"아니."

현우는 무덤덤하게 말했다.

'현우가 내 마니또는 아닌가 보군. 그럼, 경식인가?'

세희는 얼마 전 점심 시간에 경식이가 한 행동이 떠올랐다. 그날 급식으로 카레라이스가 나왔는데, 아이들이 서로 먼저 받으려고 밀칠 때 경식이랑 세희도 부딪혔는데 경식이가 양보해 주었던 것이다.

그때 선생님께서 말씀하셨다.

"자, 지금부터 누가 누구의 마니또인지 밝혀 볼까? 남학생 1번부터 순서대로 말해 보자."

세희의 가슴이 콩닥콩닥 뛰었다. 알고 보니 현우는 자현이의 마니또였고, 경식이는 재은이의 마니또였다. 마지막으로 민규가 말했다.

"선생님, 저는 그날 깁스하는 바람에 결석했는데요?"

'헉, 나만 마니또가 없었군.'

세희는 서운해서 눈물이 핑그르르 돌았다. 그동안 반 아이들이 잘해 준다고 생각한 것도 모두 착각이었던 것이다.

"자, 이번에는 내가 밝혀 볼게. 나는 세희와 정현이의 마니또였단다."

세희는 선생님이 자신의 마니또였다는 사실을 몰랐던 것이 죄송하기도 하면서 가슴이 벅차올랐다.

마니또 놀이는 원래 한 사람이 다른 한 사람과 짝이 되어야 한다. 세희의 반에서는 남학생과 여학생이 서로 마니또가 되기로 했다. 그런데 민규는 짝이 없고, 선생님은 2명의 여학생과 짝이 되었다.

개념과 원리

대응이란 무엇일까?

짝짓기와 대응

서로 짝짓는 것을 대응이라고 한다. 예를 들어 동전 1개와 주사위 1개를 동시에 던져 나오는 동전의 앞면이나 뒷면, 그리고 주사위 눈을 각각 짝짓기 해 보면 대응이 무엇인지 쉽게 알 수 있다.

대응은 머릿속으로만 생각할 수도 있지만, 다른 사람도 알 수 있게 표현할 수도 있다. 대응을 표현하는 방법에는 순서쌍, 표, 화살표 그림, 그래프 등이 있다.

먼저 순서쌍으로 써 보자. 동전과 주사위를 동시에 던질 때는 순서를 서로 바꾼 경우는 따지지 않고 한 가지로만 한다.

(앞면, 1), (앞면, 2), (앞면, 3), (앞면, 4), (앞면, 5), (앞면, 6)
(뒷면, 1), (뒷면, 2), (뒷면, 3), (뒷면, 4), (뒷면, 5), (뒷면, 6)

이번에는 이것을 대응표로 나타내 보자.

동전	앞면	앞면	앞면	앞면	앞면	앞면	뒷면	뒷면	뒷면	뒷면	뒷면	뒷면
주사위	1	2	3	4	5	6	1	2	3	4	5	6

화살표 그림으로 나타내면 다음과 같다.

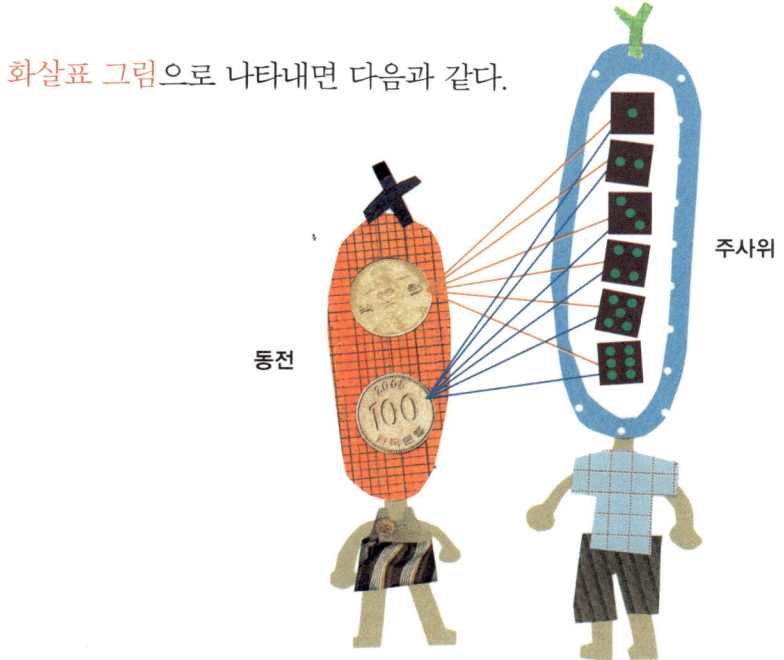

그래프로도 나타낼 수 있다.

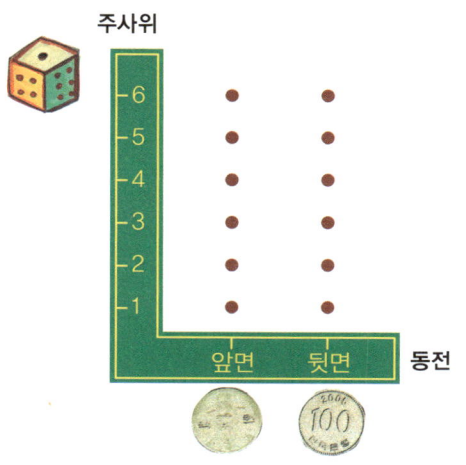

이처럼 대응을 여러 가지 방식으로 다양하게 나타낼 수 있다.

대응표 만들기

운동장에서 농구, 축구, 줄넘기, 모래놀이를 하는 아이들이 있다. 농구는 3명, 축구는 5명, 줄넘기는 2명, 모래놀이는 2명이 하고 있다.

운동 종류와 사람 수를 (운동 종류, 사람 수)의 순서쌍으로 나타내면 다음과 같다.

(농구, 3), (축구, 5), (줄넘기, 2), (모래놀이, 2)

이것을 대응표로 나타내 보자.

운동 종류	농구	축구	줄넘기	모래놀이
사람 수(명)	3	5	2	2

이 대응표에는 '달리기'가 없기 때문에 운동장에서 지금 달리기를 하고 있는 아이들이 있는지 없는지, 달리기를 하는 아이들이 있다면 몇 명이나 되는지에 대해서는 전혀 알 수 없다. 단지 이 표에 적힌 놀이 중에서 어떤 놀이를 하는 아이가 가장 많은지, 적은지 등을 알 수 있을 뿐이다.

아래 아이들의 번호와 점수를 대응표로 만들어 보면 어떨까?

이번에는 규칙적인 관계를 나타낸 대응표를 보자.

사각형의 수	1	2	3	4	5
성냥개비의 수	4	7	10	13	?

첫 번째 대응표의 규칙으로 보면 사각형이 5개일 때 성냥개비의 수를 알 수 있다. 사각형이 1개씩 늘어날 때마다 성냥개비가 3개씩 늘어나므로, 사각형이 5개일 때의 성냥개비 개수는 16개이다.

책상의 수	2	3	5	8	10
의자의 수	2	3	5	8	?

두 번째 대응표에서는 책상의 수와 의자의 수가 항상 똑같다. '의자가 10개일 때 책상의 수는 몇 개일까?'라고 묻는다면 답은 '10개'이다. 두 수 사이의 대응이 규칙적이라면 이와 같이 표에는 나와 있지 않더라도 다른 수의 쌍에 대해서도 알 수 있다.

다음 대응표를 보자.

탁자의 수	2	3	5	8	?
의자의 수	4	6	10	16	20

이 대응표를 보니 의자의 수는 탁자의 수의 2배이다. 따라서 '의자가 20개일 때 탁자의 수는 몇 개일까?'라고 묻는다면 답은 '10개'이다.

함수란 무엇일까?

'대응'이라고 해서 X와 Y의 원소가 딱 1개씩만 서로 짝지어질 필요는 없다. 하나가 여럿과 짝이 될 수 있으며, Y의 원소 중에서 남는 수가 있어도 된다. 이런 대응 가운데 X의 원소가 각각 Y의 원소 1개하고만 짝이 되는 특별한 경우가 있다. 이런 대응을 함수라고 한다.

대응이 함수가 되려면 X의 각 원소에서 화살표가 1개씩만 나가야 한다. Y의 원소 중에 남는 수가 있어도 그것은 관계없다.

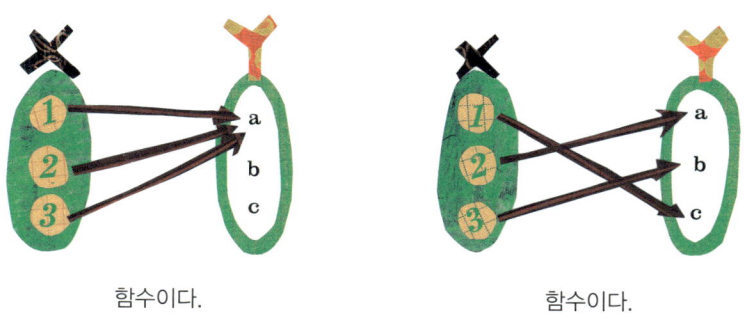

함수이다.   함수이다.

모든 대응이 다 함수는 아니므로, 함수인 것과 아닌 것을 구별하는 것이 중요하다. 다음 중 어떤 것이 함수일까?

함수이다.   함수가 아니다.

첫 번째 대응에서는 X의 각 원소에서 나가는 화살표가 1개씩이었지만, 두 번째 대응에서는 X 중에서 Y의 원소를 향해 나가는 화살표가 여러 개인 원소가 있다. 이런 대응은 단지 대응일 뿐, '함수' 관계가 되지는 못한다.

이 두 대응을 화살을 보내는 쪽을 가로축, 화살을 받는 쪽을 세로축으로 해서 그래프로 나타내 살펴보면 다음과 같다.

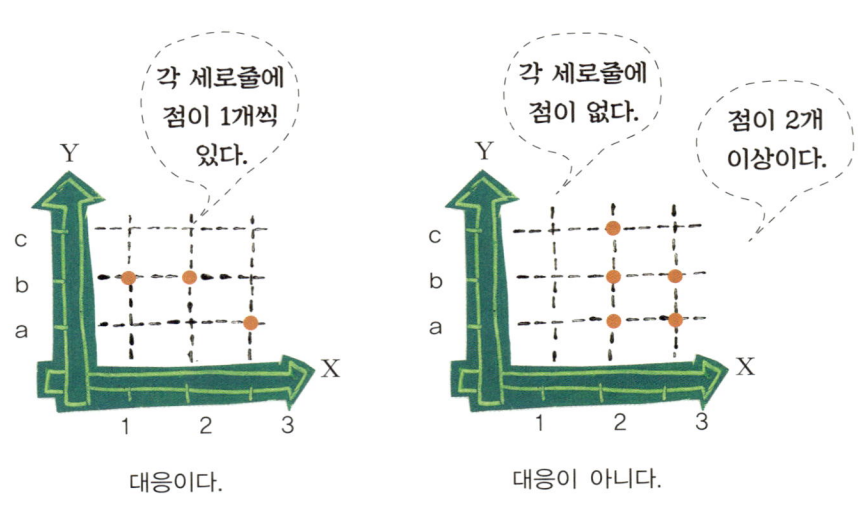

대응 중에서 함수인 그래프는 세로줄에 점이 딱 하나씩 있지만, 함수가 아닌 대응의 그래프는 세로줄에 점이 여러 개인 것도 있다. 따라서 그래프만 보고 함수인지 아닌지 알려면, 세로줄에 반드시 점이 '하나'씩만 있는지를 확인하면 된다. 2개 이상의 점이 있거나 점이 아예 없으면 함수 그래프가 아니다.

창의 융합 사고력
다음 대응표는 함수일까?

일주일 동안 같은 시각에 기온을 재어 기록해 보자. 이 대응표가 함수인지 아닌지 밝히고, 그렇게 생각한 이유를 설명해 보자.

일주일 동안의 기온 변화
(측정 시간: 오전 7시경)

맑음 　 구름 많음 　 흐림 　 비

날짜	월/일	/	/	/	/	/	/	/
	요일							
기온(℃)		10	8					
날씨		흐림	구름 많음					

역사 속 수학
함수의 역사

기원전 5세기경 바빌로니아 사람들은 천체의 운동에서 주기성을 발견하기 위해 표를 만들었다. 이 표를 보면 바빌로니아 사람들이 비례 관계를 이해했던 것으로 보이는데, 이 표가 함수의 기원이라 할 수 있다.

17세기에 이르러 이러한 함수 개념을 본격적으로 이해하고 사용했는데, 함수라는 말은 독일의 수학자 라이프니츠가 처음 썼다고 한다.

함수를 영어로 'function'이라고 하는데 이 말은 '기능, 작용'을 뜻한다. 한자로는 '函數'라고 쓰는데, 이것은 'function'의 중국어 발음을 한자로 옮긴 것이다. 한자 '함(函)'에는 물건을 상자에 넣는다는 뜻이 있는데, 이것은 어떤 값을 상자에 넣었을 때 새로운 값이 나오는 것을 의미한다.

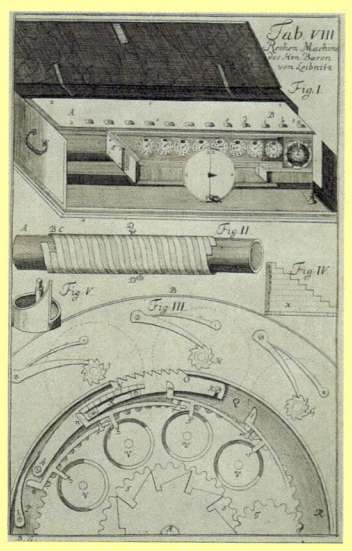

곱셈 계산기
1673년에 라이프니츠가 발명한 계산기. 톱니바퀴가 돌면서 곱셈을 하는 획기적인 방식이었다.

자연 현상 중에는 시간의 흐름에 따라 규칙적으로 변하는 것이 많으며, 일상생활에서도 두 양이 일정한 관계를 가지면서 변하는 현상을 많이 볼 수 있다. 실생활이나 자연에서 일어나는 현상들을 관찰해 규칙성을 찾고, 그 규칙성을 연구하는 것은 여러 가지 변화를 설명하고 예측하는 데 반드시 필요한 일이었다. 이처럼 규칙적으로 변화하는 두 양 사이의 관계를 나타내기 위해 함수의 개념이 필요했고, 발전해 왔다.

라이프니츠는 "2개의 수 x, y에서 x 값이 변함에 따라 y값이 정해질 때 y를 x의 함수라고 한다."고 정의했다. 이때까지 함수는 곡선의 모양과 관련된 어떤 양을 표현하는 것과 관련이 있었다. 오일러(Leonhard Euler, 1707~1783)는 함수를 '두 수 사이의 관계를 나타내는 식'이라고 하면서 $f(x)$라는 기호도 만들었다.

오늘날에는 1939년 부르바키(Nicholas Bourbaki, 1930년대 초 프랑스의 젊은 수학자들이 수학의 통일을 시도하면서 조직한 단체의 이름)가 정의한 "집합 E와 집합 F가 있다고 하자. E 집합에 있는 모든 x에 대하여 유일한 y가 존재한다면 y에서의 함수 관계라고 한다."라는 함수 개념을 사용한다.

10 함수

소연이는 용돈 때문에 불만이 많았다. 어머니가 중학생인 언니 소정이에게는
용돈을 듬뿍 주면서 자기에게는 너무 적게 주는 것 같았기 때문이다.
소연이가 자꾸 항의를 하자 어머니가 용돈의 규칙을 이렇게 정했다.
"소연이의 용돈은 소정이의 70%로 한다."
이제 소연이의 용돈(y)은 소정이의 용돈(x)이 얼마냐에 따라서 결정된다.
x가 커지면 y도 커지고, x가 작아지면 y도 작아진다.
두 변수 x와 y 사이에 x의 값에 따라 y의 값이 정해질 때
'y는 x의 함수'라고 한다.

초등 2-2	초등 5-2	중학 1-1
규칙 찾기	규칙과 대응	함수

스토리텔링 수학
나 따라하지 마

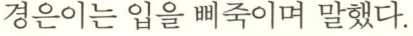

"엄마, 내일 학교에서 수학여행 가잖아요. 제 운동화가 너무 낡아서 새로 사면 좋겠어요."

경호의 말이 끝나기도 전에 경은이가 말했다.

"엄마, 나도!"

경호는 기가 막힌다는 듯이 경은이를 보며 말했다.

"야, 네가 수학여행 가냐? 네 운동화는 새 거잖아."

그러자 경은이가 샐쭉한 표정을 지으며 대답했다.

"오빠만 새 운동화 신는 게 어딨어? 오빠 것 사면 당연히 내 것도 사야지. 공평하게."

엄마는 아무런 대답도 하지 않으신 채 이렇게 말씀하셨다.

"경은아, 너는 지금 공부할 시간이잖아. 얼른 공부해."

경은이는 입을 삐죽이며 말했다.

"오빠는 지금 공부 안 하잖아요. 오빠가 공부하면 저도 할 거예요."

"알아서 해. 엄만 마트 갔다 올 테니까 나 올 때까지 각자 해야 할 것들 하고 있으렴."

그러자 경은이가 얼른 말했다.

"저도요! 저도 엄마 따라 마트에 갈래요."

"안 되겠다. 경호야, 너 지금부터 방에 들어가서 공부해라. 그리고 경은이도 오빠 따라 공부하고 있어."

"싫어요. 엄마 따라 갈래요."

그러자 엄마가 단호한 목소리로 말씀하셨다.

"좋아. 마트는 나중에 가야겠다. 오빠는 이제부터 공부할 거야. 경은이는 어떻게 할래?"

"그럼, 저는 텔레비전 볼래요. 계획표에는 지금부터 쉬는 시간이거든요."

엄마와 경호는 서로 마주 보며 한숨을 내쉬었다.

경은이는 스스로 독립적으로 하기보다는 엄마나 오빠를 따라하려고 한다. 수학에서도 독립적인 관계가 있고, 종속적인 관계가 있다. 이 장에서 배울 "x가 변하면 y도 '따라서' 변하는 관계"는 종속적인 관계이다.

개념과 원리
규칙성과 함수

함수 중에는 X와 Y 사이에 어떤 규칙이 없는 것도 있고, 일정한 규칙에 따라 대응하는 것도 있다. 규칙이 있는 함수 관계는 순서쌍, 대응표, 화살표 그림, 그래프로 나타낼 수 있을 뿐만 아니라 '식'으로도 나타낼 수 있다.

예를 들어, 현재 엄마는 39세이고 나는 12세라고 하자. 엄마와 나는 27살 차이가 나는데, 내년에는 나이 차이가 줄어들까? 그렇지 않다. 내년에도, 후년에도 27살 차이이고, 이 나이 차이는 10년 후에도 마찬가지이다. 엄마와 나의 나이 차가 27이라는 것은 변함없는 사실이며, 이것이 둘 사이의 규칙적인 관계가 된다.

이 관계를 대응표로 나타내 보자.

엄마	39	40	44	…	99	…
나	12	13	17	…	?	…

엄마가 99세일 때 나는 몇 살일까? 규칙만으로도 답을 찾을 수 있으므로 표를 길게 쓸 필요가 없다. 그렇다면 이 규칙을 식으로 나타내 보자. 여기서 핵심은 '엄마와 나의 나이 차는 27세'라는 것이다.

(엄마 나이) − (내 나이) = 27

내가 18세가 되면 엄마는 몇 살이 될까? 엄마는 나보다 27세가 더 많으므로, 내가 18세가 되었을 때 엄마는 45세가 된다. 따라서 다음과 같은 식으로 나타낼 수도 있다.

(엄마 나이) = (내 나이) + 27
(내 나이) = (엄마 나이) − 27

엄마가 60세가 되면 나는 몇 살일까? 내 나이는 엄마보다 27세가 적으므로, 엄마가 60세이면 나는 33세이다. 따라서 엄마가 99세이면 나의 나이는 99−27=72(세)이다.

이때 엄마의 나이를 ■로, 내 나이를 ▲로 나타내면 다음과 같다.

이제부터 ■를 x, ▲를 y라고 하자.

x가 바뀌면 y도 바뀌는 규칙

규칙이 있는 함수 가운데 x에 따라 y가 변하는 함수가 있다. x와 y가 각각 따로따로 결정되는 것이 아니라 x에 따라서 y가 결정되는 것이다.

x가 커지면 y도 커지고, x가 작아지면 y도 작아지는 관계

1. 두 수의 차가 항상 똑같을 때

두 수의 차를 똑같이 유지하려면 어떻게 해야 할까? x가 커지면 y도 커질 수밖에 없다.

예를 들어 x가 3이고 y가 1이라면, x와 y의 차는 2이다. 이와 같은 관계가 유지되면 x가 10일 때 y는 8이다.

결국 x가 3에서 10으로 7만큼 커지니까 y도 따라서 1에서 8로 7만큼 커졌다.

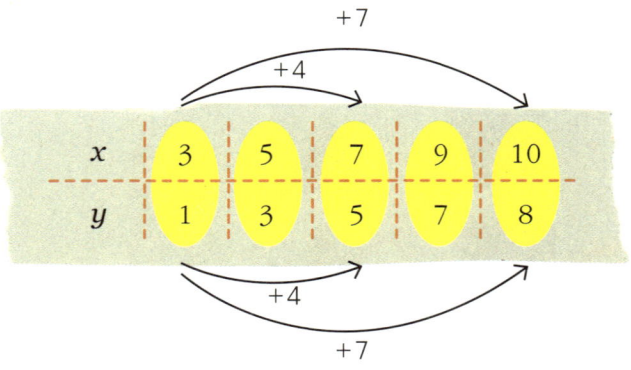

$$x - y = 2$$

2. 두 수 사이의 몫이 항상 똑같을 때

두 수 사이의 몫을 똑같게 유지하려고 할 때, x가 커지면 y도 따라서 커질 수밖에 없다.

예를 들어 x가 3이고 y가 1이라면, $x \div y = 3$이다. 이와 같은 대응 관계를 유지하려면 x가 9일 때는 y가 3이어야 한다. 결국, x가 3에서 9로 3배가 되므로 y도 1에서 3으로 3배가 된다.

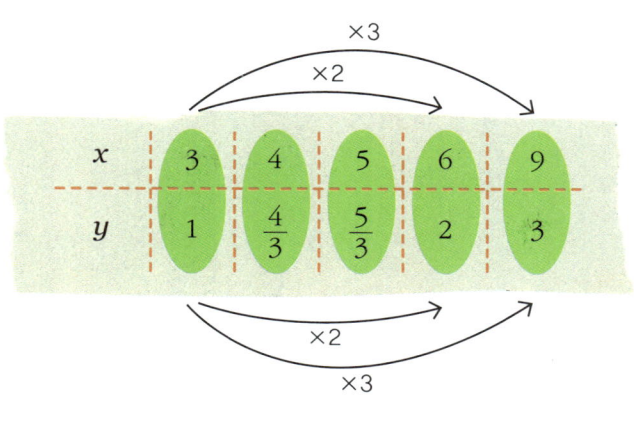

$$x \div y = 3$$

x가 커지면 y가 작아지고, x가 작아지면 y는 커지는 관계

1. 두 수의 합이 항상 똑같을 때

이 경우에는 한 수가 커지면 다른 수는 작아질 수밖에 없다.

예를 들어 x가 1이고 y가 5라면 두 수의 합은 6이다. 이런 대응 관계가 있다면 x가 6일 때는 y는 0이다. 결국, 두 수의 합이 항상 6이 되려면 x가 1에서 6으로 5만큼 커지면, y는 반대로 5에서 0으로 5만큼 작아진다.

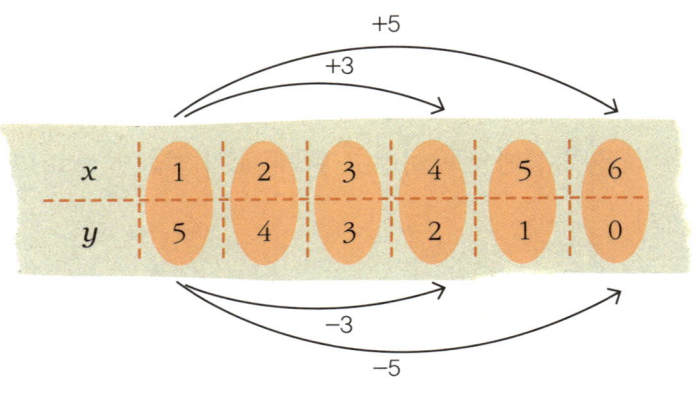

$$x + y = 6$$

2. 두 수 사이의 곱이 항상 똑같을 때

이 경우에는 한 수가 커질 때 다른 수는 작아진다. 두 수 사이의 곱이 똑같이 유지되어야 하기 때문이다.

예를 들어 x가 3이고 y가 2라면, $x \times y = 6$이다. 이런 관계가 있다면 x가 6일 때는 y는 1이다. 결국, x가 3에서 6으로 2배가 되니까 y는 반대로 2에서 1로 $\frac{1}{2}$이 되었다.

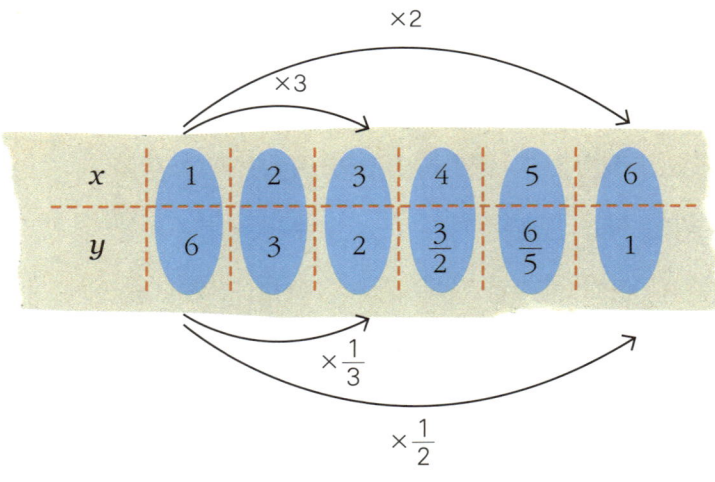

$$x \times y = 6$$

비례와 반비례

x를 y로 나눴을 때의 몫이 일정하면 정비례, x와 y의 곱이 일정하면 반비례라고 한다. 즉, $\dfrac{x}{y}=k$이면 정비례이고, $x \times y=k$이면 반비례이다.

예를 들어 $x \div y = 3$, $x \div y = 5$이면 정비례이다. x가 2배, 3배, 4배……가 되면 y도 똑같이 2배, 3배, 4배……가 되기 때문이다. $x \times y = 3$, $x \times y = 5$이면 반비례이다. x가 2배, 3배, 4배……가 되면 y는 반대로 $\dfrac{1}{2}, \dfrac{1}{3}, \dfrac{1}{4}$……이 되기 때문이다.

정비례인 $x \div y = 3$을 다르게 쓰면, 다음과 같다.

$$x = 3 \times y$$
$$y = \dfrac{1}{3} \times x$$

반비례인 $x \times y = 3$을 다르게 쓰면 다음과 같다.

$$x = 3 \div y,\ x = \dfrac{3}{y}$$
$$y = 3 \div x,\ y = \dfrac{3}{x}$$

그렇다면 합이나 차가 일정한 경우도 정비례나 반비례가 될까?

그렇지 않다. 예를 들어 $x+y=4$나 $x-y=5$는 정비례도 아니고 반비례도 아니다.

정비례, 반비례는 몫이나 곱이 일정한 경우에만 성립한다.

함수 기계

함수는 어떤 규칙이 있는 기계에 어떤 수(x)를 넣으면 그 규칙에 따라 어떤 수(y)가 나오는 것과 같다. 그래서 함수를 다음과 같은 기계로 나타내기도 한다.

식 : $x \times 2 = y$

식 : $x - 0.2 = y$

식 : $(x \times 3) - 5 = y$

식 : $(x - 3) \times 5 = y$

기계가 '어떤' 규칙을 가지고 움직이냐에 따라 함수식이 달라진다. 식의 복잡한 정도는 다르지만 '두 집합 X, Y에서 집합 X의 각 원소에 집합 Y의 원소가 하나씩만 대응한다.'는 원리는 변함없다.

창의 융합 사고력

비례 관계를 찾아라

다음 두 가지 상황 중에서 아이들이 받는 돈의 금액과 사람 수의 관계가 정비례인 것과 반비례인 것을 찾고, 그 이유를 설명해 보자. 또 이 관계를 식으로 나타내 보자.

아버지가 1만 2000원을 동국이에게 주셨다. 동국이는 속으로 생각했다.
'나 혼자 가지면 1만 2000원이 다 내 돈인데, 동민이와 둘이 나누면 6000원씩 갖게 되고, 동준이까지 셋이 똑같이 나누면 4000원씩이네.'
그러고는 결정을 내리고 빙긋 웃었다.
'여럿이 나눠 가지면 내 몫은 줄어들지만, 그래도 나 혼자 가질 수는 없지!'

오늘은 설날이어서 손자, 손녀들이 할아버지께 세배를 했다. 할아버지는 여러 손주에게 세뱃돈을 주시면서 말씀하셨다.
"우리 손자, 손녀들에게 줄 세뱃돈은 모두 똑같이 한 사람당 5000원씩이란다."

역사 속 수학
라이프니츠와 뉴턴

지구가 우주의 중심이 아니고 행성들의 궤도가 원이 아니라는 사실이 알려지면서 자연 현상과 천체의 운동을 설명하기 위한 새로운 수학이 필요했다. 이런 천문학적인 발견은 운동과 변화에 관한 문제들을 이해하는 데 필요한 미적분학의 발달을 가져왔다.

미적분학은 '미분'과 '적분'에 관한 이론을 합친 것으로 함수 개념을 바탕으로 한다. 미분법은 속도와 가속도, 극대값과 극소값을 구하는 과정에서 발견되었고, 적분법은 도형의 넓이나 부피, 부채꼴의 길이 등을 구하는 면적 계산법이 발전해서 만들어진 수학 이론이다. 오늘날 미적분은 금리, 환율, 주가와 같은 금융 시장의 변동을 분석하고 예측하는 데 활용되고, 공학 분야에서 이용되기도 하며, 일기 예보에 활용되기도 하는 등 현대인의 삶에서 없어서는 안 될 역할을 하고 있다.

뉴턴과 뉴턴이 발명한 망원경

뉴턴과 라이프니츠는 서로 비슷한 시기에 미적분학을 발견했다. 뉴턴은 라이프니츠보다 앞서서 미적분학을 발견했지만 발표를 미룬 상태여서 독일을 비롯한 유럽에서는 그 사실을 알지 못했다고 한다.

또 뉴턴은 미분을 '극한'의 개념에서 출발해서 발견했고, 라이프니츠는 '곡선의 기울기'에 착안해서 발견했을 뿐만 아니라 두 사람의 표기 방법도 달랐기 때문에 당시에는 큰 문제가 없었다.

그런데 라이프니츠가 먼저 발표를 하자, 뉴턴이 라이프니츠가 자신의 미적분학을 표절했다는 주장을 하고 라이프니츠가 반론을 제기하면서 둘의 싸움이 시작되었다. 이후 논쟁은 점점 커졌고 독일 대 영국이라는 국가 간 논쟁으로까지 발전했다. 영국은 라이프니츠의 미적분법을 인정하지 않았던 유럽 대륙과 교류를 끊기까지 하면서 다른 나라에 비해 수학의 발달이 100년이나 늦어졌다.

현재는 뉴턴과 라이프니츠가 미적분학을 각각 독자적으로 발견한 것으로 인정하고 있다. 라이프니츠가 만든 적분 기호 인테그럴($\int$)은 뉴턴이 만든 기호보다 반응이 좋아서 오늘날까지 널리 사용되고 있다.

라이프니츠의 계산기

라이프니츠

정답 및 해설

1 도형 움직이기

28쪽 창의 융합 사고력

- 본문 위에서 셋째 줄: 달(단)

  본문 위에서 다섯째 줄: 자(사)

- 〈다뉴세문경〉

  청동기 시대의 사람들은 청동으로 만든 큰 대야에 물을 담아 자기의 얼굴을 비추어 보면서 단장했습니다. 그러다가 대야를 잘 닦으면 물이 없어도 얼굴이 잘 비치는 것을 깨닫게 되어 구리 거울을 만들어 사용했습니다. 거울의 뒷면에는 여러 가지로 장식을 했습니다. 사진에서 뒷면이 보이는 거울은 청동기 시대에 사용하던 국보 제141호 〈다뉴세문경〉입니다.

29쪽 톡톡 수학 게임

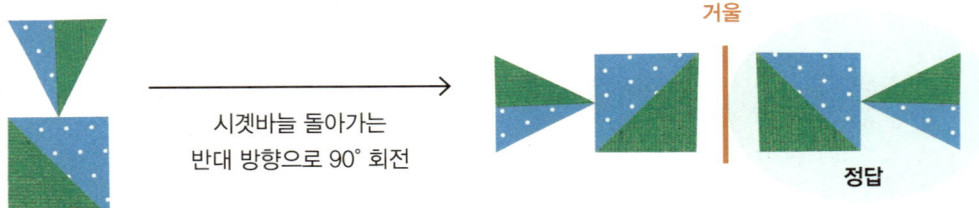

거울에 비추면 거울에 이르는 거리는 같고 방향은 반대이다.

2 닮음과 합동

41쪽 창의 융합 사고력

어느 방향에서 빛을 비추느냐에 따라 달라진다.

빛을 비추었을 때 나온 그림자가 친구의 실제 모습과 크기만 달라질 뿐 모양이 똑같다면 실제 모습과 그림자는 서로 닮음이다. 하지만 그림자가 실제 모습보다 길쭉해지는 등 형태가 바뀐다면 서로 닮음이 되지 않는다.

3 도형의 측정

55쪽 창의 융합 사고력

$5\text{ft}(피트) = 5 \times 30.5(\text{cm}) = 152.5(\text{cm})$

$90\text{lbs}(파운드) = 90 \times 450(\text{g}) = 40500(\text{g}) = 40.5(\text{kg})$

4 길이와 거리, 그리고 높이

70쪽 창의 융합 사고력

오른쪽 석공이 이 돌의 높이만큼 막대를 세운 뒤 왼쪽 석공 앞의 모서리까지 끈을 늘어놓는다면 평행사변형이 만들어진다.

따라서 이 끈의 길이가 바로 돌의 안쪽을 통과하는 대각선과 나란히 평행한 변이 되므로, 이 끈의 길이는 직육면체 모양의 돌 안쪽을 통과하는 대각선의 길이와 같다.

71쪽 톡톡 수학 게임

그림의 점선처럼 자르면 4개의 면적이 같아진다.

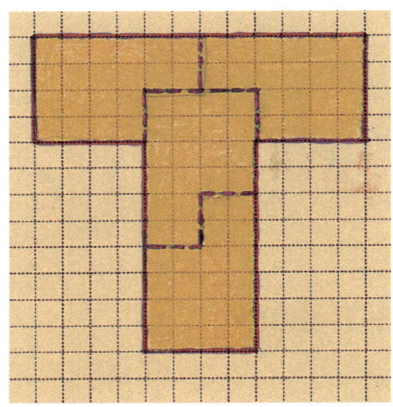

5 넓이와 둘레

85쪽 창의 융합 사고력

한 말은 원래 넓이 단위가 아니라 부피를 재는 단위였다. 따라서 한 말의 씨를 뿌릴 수 있는 땅의 넓이는 평평한 땅인지, 높은 산인지 또는 땅이 비옥한지 척박한지에 따라서 1두락의 크기가 달라진다.

반면 한 무는 지금과 같이 정사각형을 넓이 단위로 한 것이다. 따라서 두 번째 글은 옛날 사람들도 정사각형을 넓이 단위로 사용했다는 사실을 보여 준다.

첫 번째 글에서는 넓이를 잴 때 부피를 사용했고, 둘째 글을 통해서는 넓이를 잴 때 정사각형을 사용했다는 점에서 서로 다르다.

6 평면도형의 넓이

104쪽 창의 융합 사고력

비추는 방법	수직으로 비췄을 때	비스듬히 비췄을 때
손전등에서 나오는 빛의 양	100	100
● (1)의 개수	16	28
▲ ($\frac{1}{2}$)의 개수	14	20
종이에 들어오는 빛의 양	$16 + (14 \times \frac{1}{2}) = 23$	$28 + (20 \times \frac{1}{2}) = 38$
작은 정사각형 1개에 들어오는 불빛의 양	$\frac{100}{23}$	$\frac{100}{38}$

105쪽 톡톡 수학 게임

㉮지역이 색깔을 칠한 부분만큼 더 넓다.

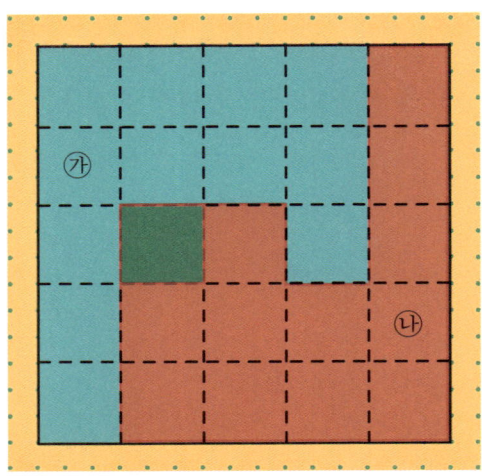

7 입체도형의 부피와 겉넓이

121쪽 창의 융합 사고력

지구와 태양은 둘 다 구로서, 서로 닮은 도형이다. 이때 지름의 비가 곧 두 도형의 닮음비이다.

(지구의 지름) : (태양의 지름) = 1 : 109

그런데 두 도형의 닮음비가 $a:b$라면 넓이의 비는 $a^2:b^2$이라고 했으므로, 다음과 같은 등식이 성립한다.

(지구의 지름) : (태양의 겉넓이) = $1^2 : 109^2$ = 1 : 11881

따라서 태양의 겉넓이는 지구의 겉넓이의 11881배, 약 12000배라고 할 수 있다. 또 두 도형의 닮음비가 a : b라면 부피의 비는 $a^3 : b^3$이라고 했으므로, 다음 등식이 성립한다.

(지구의 지름) : (태양의 부피) = $1^3 : 109^3$
= 1 : 1295029

따라서 태양의 부피는 지구의 부피의 1295029배, 약 130000배라고 할 수 있다. 따라서 글의 설명은 적절하다.

8 방정식

136쪽 창의 융합 사고력

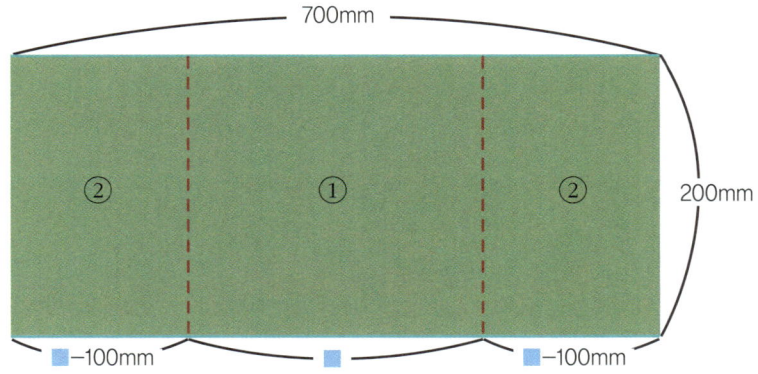

선반의 가로 길이를 ■라 하면,

$$(■-100)+■+(■-100)=700$$
$$■+■+■-200=700$$
$$3×■=900$$
$$■=300$$

가로 길이가 300mm, 높이는 200mm이다.

137쪽 톡톡 수학 게임

3가지 경우를 만들 수 있다.

8+8+8=24

22+2=24

$3^3-3=24$

9 대응

151쪽 창의 융합 사고력

이 대응표는 함수이다. 왜냐하면 매일 같은 시각에 같은 지점에서 기온을 쟀으므로 대응표의 한 날짜에 쓸 수 있는 기온과 날씨는 각각 1가지밖에 없다. 시각이 바뀌면 기온과 날씨가 바뀔 수 있지만, 그 시각에 잰 기온과 그 시각의 날씨는 단 1가지로 정해지기 때문에 이 대응 관계는 함수이다.

10 함수

165쪽 창의 융합 사고력

첫 번째 상황은 반비례 관계이고, 두 번째 상황은 정비례 관계이다.

첫 번째의 경우, 1만 2000원은 일정하지만 사람 수가 늘어나면 몫이 줄어든다. 사람 수가 1이면 몫은 1만 2000원, 사람 수가 2이면 한 사람의 몫은 6000원, 사람 수가 3이면 한 사람의 몫은 4000원이다. 따라서 사람 수와 몫의 곱은 항상 1만 2000원이다.
이때 사람 수를 x, 한 사람당 받는 금액을 y라 해서 식으로 나타내면, $x \times y = 12000$ 또는 $y = \dfrac{12000}{x}$이다.

두 번째의 경우, 한 사람당 받는 세뱃돈은 똑같지만 사람 수가 늘어나면 전체 세뱃돈도 늘어난다. 사람 수가 1이면 할아버지의 세뱃돈은 5000원, 사람 수가 2이면 1만 원, 사람 수가 3이면 1만 5000원 등이다. 따라서 손자, 손녀가 많이 올수록 할아버지 주머니에서 나가는 세뱃돈은 많아진다. 이때 손자의 수를 x, 할아버지의 세뱃돈을 y라 해서 식으로 나타내면, $y = 5000 \times x$이다.

수학 개념 연결 트리

- 초등학교 전 과정에서 배우는 수학의 개념들을 연결시켜 놓은 나무 모양의 표입니다.
- 교과서 속 수학 단원이 학년별 영역별로 어떻게 이어지는지 한눈에 알 수 있습니다.
- 초등학교 수학이 중학교 고등학교 수학으로 어떻게 뻗어 나가는지 확인할 수 있습니다.
- 교과서 속 단원이 《지금 하자! 개념 수학》의 어느 단원에 들어 있는지 찾아볼 수 있습니다.

예습할 때 활용하기

지금 공부하는 내용이 앞으로 어떤 단원과 연결되는지를 확인하고,
미래에 배울 내용의 예습이 된다는 점을 확실히 알 수 있어요.
오늘 배운 단원의 뿌리와 줄기, 가지를 알게 되면 흔들리지 않고 공부할 수 있어요.

복습할 때 활용하기

수학 공부를 하다 보면 앞에서 배운 내용 중에 살짝 놓친 단원이나 개념이 생깁니다.
이런 순간에 대체 어디서부터 다시 공부해야 할지 모르겠다면
수학 개념 연결 트리를 펼쳐 보세요.
지금의 문제와 직접 연결되는 개념을 거슬러 올라가
바로 거기서 다시 시작하면 놓친 개념도 빨리 따라잡을 수 있습니다.

수학 개념 연결 트리

중학 1-1 정수와 유리수
- 1권 10장 0과 음수
- 2권 3장 혼합 계산

중학 1-1 자연수의 성질
- 1권 6장 큰 수
- 2권 4장 약수와 배수

초등 5-1 약수와 배수
- 2권 4장 약수와 배수

초등 5-1 약분과 통분
- 2권 4장 약수와 배수

초등 3-2 분수
- 1권 8장 분수

초등 4-1 큰 수
- 1권 4장 수 읽기
- 1권 5장 자릿값
- 1권 6장 큰 수

초등 3-1 분수와 소수
- 1권 5장 자릿값
- 1권 6장 큰 수
- 1권 8장 분수
- 1권 9장 소수

초등 2-2 네 자리 수
- 1권 4장 수 읽기
- 1권 5장 자릿값

초등 2-1 1000까지의 수
- 1권 3장 수와 숫자
- 1권 5장 자릿값

초등 1-2 100까지의 수
- 1권 4장 수 읽기
- 1권 5장 자릿값

초등 1-1 50까지의 수
- 1권 3장 수와 숫자
- 1권 5장 자릿값

초등 1-1 9까지의 수
- 1권 1장 수 이야기
- 1권 2장 셈과 짝짓기
- 1권 3장 수와 숫자
- 1권 4장 수 읽기

수

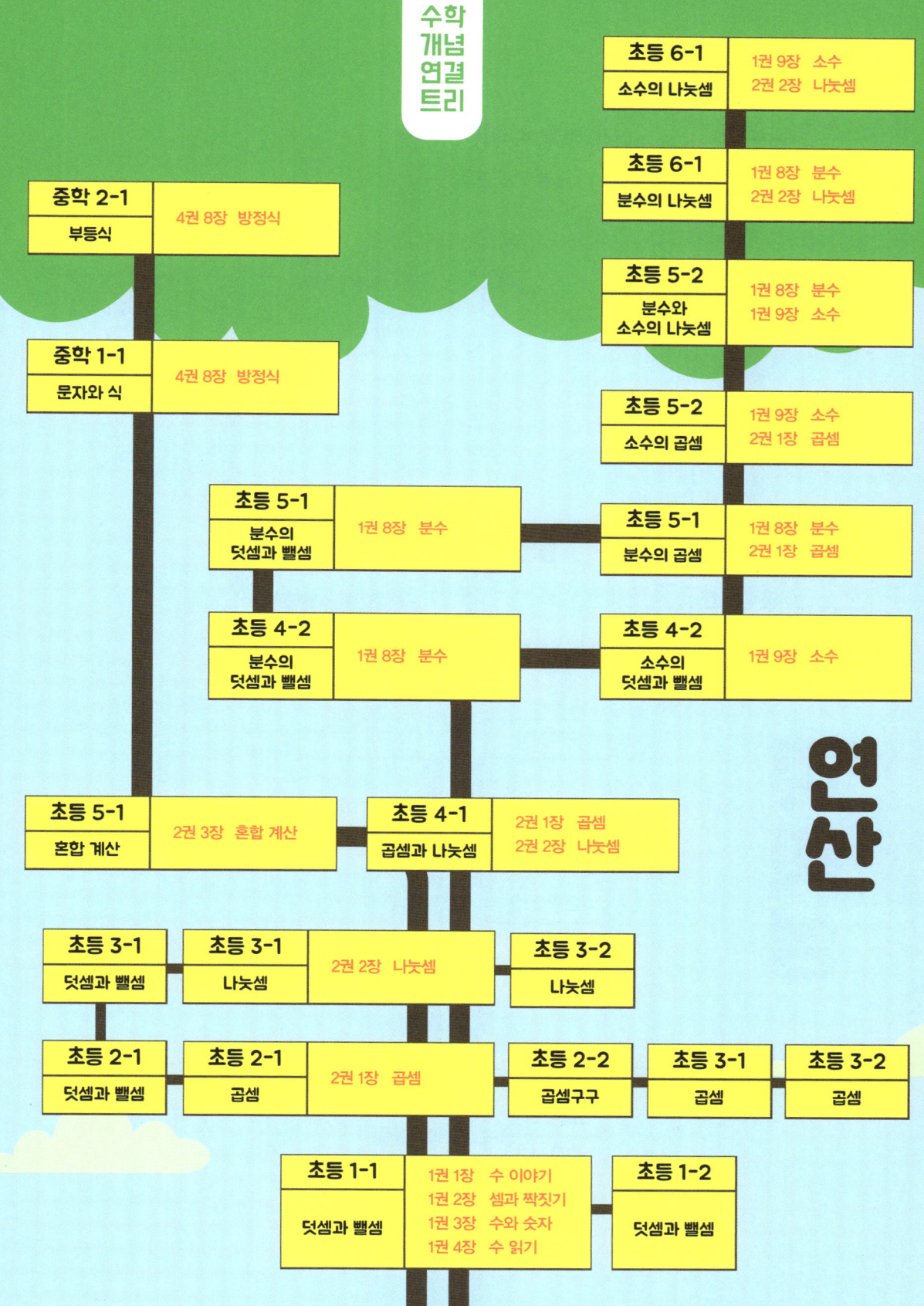

수학 개념 연결 트리

중학 1-1 / 함수
- 2권 8장 비례식과 함수
- 4권 9장 대응
- 4권 10장 함수

초등 6-2 / 비례식과 비례배분
- 2권 6장 비
- 2권 7장 비율 표현하기
- 2권 8장 비례식과 함수

초등 6-1 / 비와 비율
- 2권 5장 비와 비교
- 2권 6장 비
- 2권 8장 비례식과 함수
- 2권 10장 비와 확률

규칙성

초등 4-1 / 규칙 찾기
- 3권 10장 도형과 계산

초등 2-2 / 규칙 찾기
- 3권 10장 도형과 계산
- 4권 9장 대응
- 4권 10장 함수

초등 1-2 / 규칙 찾기
- 4권 9장 대응

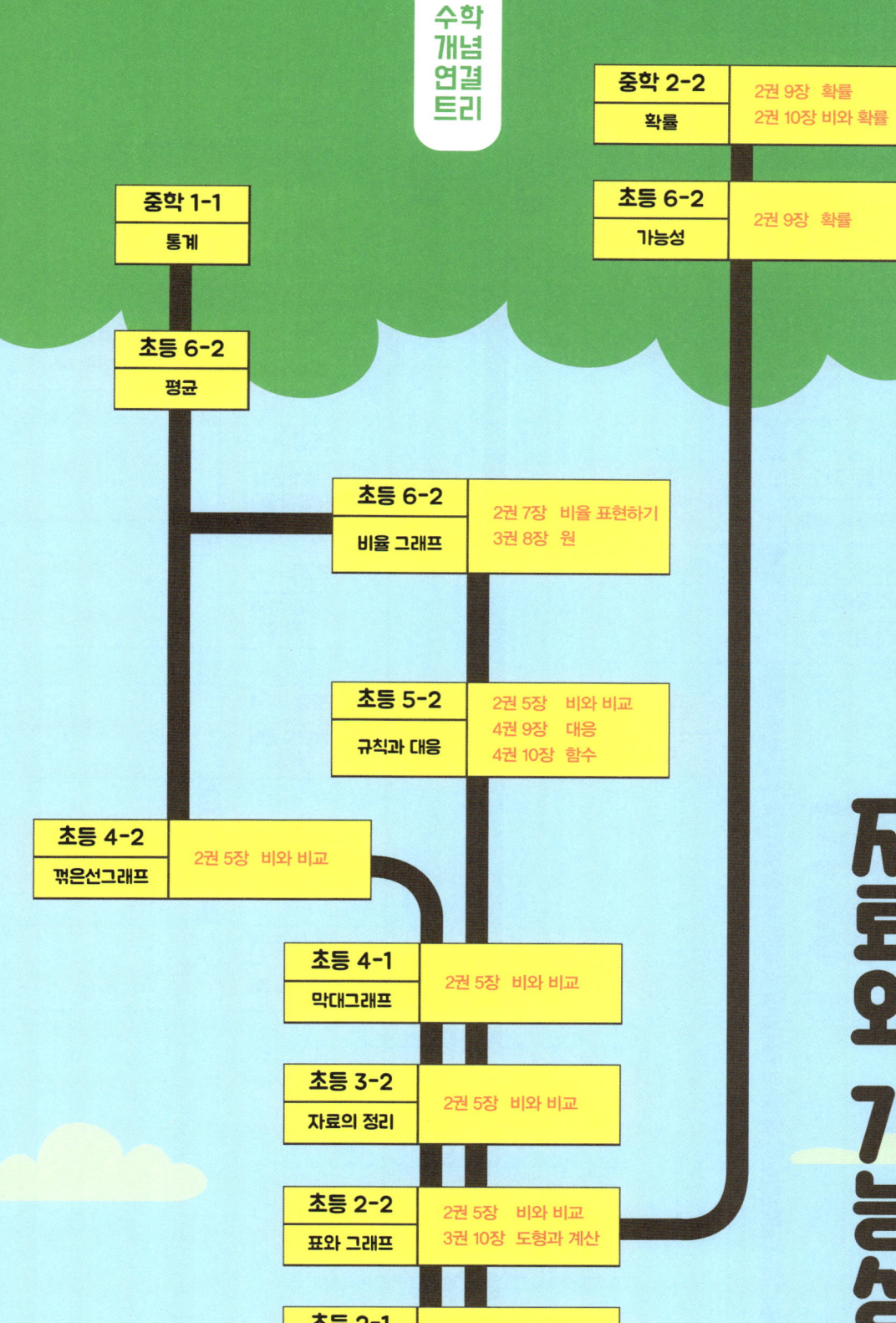

수학 개념 연결 트리

도형

중학 1-2	3권 7장 다면체
입체도형	3권 9장 회전체
	4권 7장 입체도형의 부피와 겉넓이

중학 1-2	3권 1장 면
기본 도형	3권 3장 각
	3권 5장 삼각형

초등 6-2	3권 7장 다면체
원기둥, 원뿔, 구	3권 9장 회전체
	4권 7장 입체도형의 부피와 겉넓이

중학 2-2	3권 5장 삼각형
피타고라스 정리	4권 4장 길이와 거리, 그리고 높이

초등 6-2
쌓기나무

초등 5-2	4권 1장 도형 움직이기
합동과 대칭	4권 2장 닮음과 합동

초등 6-1	3권 7장 다면체
각기둥과 각뿔	4권 7장 입체도형의 부피와 겉넓이

초등 4-2	3권 4장 다각형
다각형과 모양 만들기	3권 6장 사각형

초등 5-1	3권 2장 선
직육면체	3권 7장 다면체

초등 4-2	3권 2장 선
여러 가지 사각형	3권 6장 사각형

초등 4-2	3권 5장 삼각형
삼각형	

초등 4-1	4권 1장 도형 움직이기
평면도형의 이동	

초등 3-2	3권 8장 원
원	

초등 3-1	3권 2장 선
평면도형	3권 3장 각
	3권 5장 삼각형

초등 2-1	3권 4장 다각형
여러 가지 도형	3권 8장 원

초등 1-2	3권 4장 다각형
여러 가지 모양	3권 5장 삼각형
	3권 6장 사각형
	3권 8장 원

초등 1-1	3권 1장 면
여러 가지 모양	3권 7장 다면체
	3권 9장 회전체

수학 개념 연결 트리

측정

중학 1-2	
입체도형	3권 7장 다면체 3권 9장 회전체 4권 7장 입체도형의 부피와 겉넓이

초등 6-1	
직육면체의 겉넓이와 부피	4권 3장 도형의 측정 4권 4장 길이와 거리, 그리고 높이 4권 7장 부피와 겉넓이

초등 6-1	
원의 넓이	3권 8장 원 4권 5장 넓이와 둘레 4권 6장 평면도형의 넓이

초등 5-1	
다각형의 넓이	4권 3장 도형의 측정 4권 4장 길이와 거리, 그리고 높이 4권 5장 넓이와 둘레 4권 6장 평면도형의 넓이

초등 5-2
수의 범위

초등 4-1	
각도	3권 3장 각

초등 3-1	
시간과 길이	1권 7장 진법

초등 2-2	
시각과 시간	1권 7장 진법

초등 2-2	
길이 재기	4권 4장 길이와 거리, 그리고 높이

초등 3-2	
들이와 무게	4권 3장 도형의 측정

초등 2-1	
길이 재기	1권 9장 소수 4권 3장 도형의 측정 4권 4장 길이와 거리, 그리고 높이

초등 1-2	
시계 보기	1권 7장 진법

초등 1-1	
비교하기	1권 1장 수 이야기

지금 하자! 개념 수학 4 : 측정·함수

초판 1쇄 발행일 2007년 8월 20일
개정판 1쇄 발행일 2016년 11월 21일
개정판 4쇄 발행일 2022년 5월 9일

지은이 강미선
그린이 조은영

발행인 김학원
발행처 휴먼어린이
출판등록 제313-2006-000161호(2006년 7월 31일)
주소 (03991) 서울시 마포구 동교로23길 76(연남동)
전화 02-335-4422 **팩스** 02-334-3427
저자·독자 서비스 humanist@humanistbooks.com
홈페이지 www.humanistbooks.com
유튜브 youtube.com/user/humanistma **포스트** post.naver.com/hmcv
페이스북 facebook.com/hmcv2001 **인스타그램** @human_kids

편집 이영란 박민영 **디자인** 유주현 디자인시
스캔·출력 이희수 com. **용지** 화인페이퍼 **인쇄** 청아 **제본** 민성사

ⓒ 강미선, 2007

ISBN 978-89-6591-326-9 74410
ISBN 978-89-6591-322-1 74410(세트)

- 이 책은 《행복한 수학 초등학교 4》의 개정판입니다.
- 이 책은 저작권법에 따라 보호받는 저작물이므로 무단 전재와 무단 복제를 금합니다.
- 이 책의 전부 또는 일부를 이용하려면 반드시 저작권자와 휴먼어린이 출판사의 동의를 받아야 합니다.
- **사용 연령 8세 이상** 종이에 베이거나 긁히지 않도록 조심하세요. 책 모서리가 날카로우니 던지거나 떨어뜨리지 마세요.